나는 여우인가
나는 늑대인가

나는 여우인가
나는 늑대인가

동물을 읽으면
인간이 보인다

오바라 요시아키 지음
신유희 옮김

살림

동물들의 삶을 통해 확인하는
인간의 본능

왜, 수컷들은 피곤하고 괴로울까?

이 지구상에서 생명을 유지하고 있는 모든 수컷은 피곤하다는 말이 있다. 이 말이 사실이라는 것을 이 책이 증명해 준다. 세상을 살아가는 모든 수컷은 구애에서부터 결혼과 번식에 동참하고 자식 양육에 이르기까지 암컷에게 헌신의 노력을 다한다.

암컷에게 구애하는 동물들의 기발한 계략과 고난도 기술은 인간을 능가할 정도라고 해도 과언은 아닐 것이다. 또한 암컷들은 결혼 선물이 마음에 들지 않으면 도망가기도 하고 잠자리를 거부하기도 한다. 이것을 극복하는 일이 수컷들의 숙명이자 처연하지만 아름다운 삶이 아닐까?

수컷에 비해 암컷의 모성애와 이브의 본능은 상상을 초월한다. 자식을 낳고 키우기 위해 지혜를 짜내야 하고, 포식자들로부터 새끼를 지키기 위해 전략 전술도 동원한다. 거미는 먹을 것이 모자라 자식이 굶어 죽을 상황이 생기면 자신의 몸을 양식으로 제공하면서까지 모성애를 발휘한다. 그러나 이브의 본능은 신비롭고 흥미진진하다. 수컷에게 선물을 요구하기도 하고 잠자리를 이용하기도 한다. 또한 자기가 낳은 자식을 위해 두 번째 아내는 첫 번째 아내의 자식을 살해하면서까지 남편이 자기 자식을 돌보게 만든다. 어떻게 보면 정글에서 살아가는 동물들의 생존 경쟁이 인간의 표본이라 할 수 있다.

가족이란 무엇인가?

인간은 가족을 중심으로 생활하고 있다. 근대 사회에서 살아가든, 전통적인 수렵·채집 사회에서 생활하든, 민족이나 문화를 불문하고 가족이란 인류 공통의 지극히 보편적인 인간 집단이며 사회의 기본 단위이다. 또한 가족은 인간이 살아가는 데 있어서 생활의 기반인 동시에 마음의 의지처가 되기도 한다.

최근 가족에 대한 어두운 뉴스가 끊이질 않는다. 부모가 아이를 밀폐된 자동차에 내버려둔 채 파친코에 열중하는 사이 아이가 열사병으로 목숨을 잃는 참혹한 사건도 많이 발생하고 있다. 육아 포기, 자녀에 대한 정신적·육체적인 학대, 계부의 의붓자식 학대 또는 살해, 친부에 의한 친자 살해와 그로 인한 가족의 붕괴, 아침을 굶긴 채 아이를 학교에 보내는 부모, 아이의 학교생활에 통 무관심할뿐더러 예절이나 사회 교육을 포기하는 따위의 중요한 문제들은 위의 사건에 비하면 사소한 일인 양 착각이 들 정도이다.

행동생물학을 전공하는 필자로서는, 이와 같이 가족을 둘러싼 인간 관계 및 인간의 행동에 절대 무관심할 수 없다. 인간은 자식을 사랑하면서 어째서 이처럼 잔인한 짓을 하는 것일까? 이와 같은 인간의 잔학한 행위를 행동생물학의 관점에서 어떻게 이해해야 할지, 또한 어떻게 이해할 수 있을지…….

가족이란 '낳은 자식을 보호하고, 양식을 주어 길러내기 위한 집단', 즉 동물의 수컷과 암컷이 번식을 위해 만들어 낸 협력 집단이다. 따라서 자식을 기르는 방법, 또는 자식 양육을 둘러싼 환경의 엄격한 정도에 따라 가족의 형태도 달라진다. 예를 들어, 참새를 비롯한 대다수의 조류는 수컷(부친), 암컷(모친), 새끼(자식) 등 3자로 이루어진 '핵가족'을 형성하고, 부부가 자식을 양육한다. 아프리카에 생식하는 자칼은 핵가족에 연상의 형과 누나 등 혈연자가 더해진 '확대 가족'을 형성하여 자식을 양육한다. 이와 유사하게 아프리카 뿔호반새는 확대 가족에 또 다른 비혈연자가 더해진 '혼성 가족'을 형성하여 자식을 양육한다. 그런가 하면, 호사도요나 고양이처럼 수컷 또는 암컷이 단독으로 자식을 양육하는 '편친(偏親) 가족'도 아주 많다. 인간과 마찬가지로, 푸른박새와 백로를 비롯한 몇몇 종은 가족을 구성하는 수컷 또는 암컷이 바람을 피우는 것으로 알려졌으며, 그것이 원인이 되어 가족이 붕괴되고 자식을 버리는 경우도 있다. 사자나 유럽참새는 수컷이나 암컷이 새끼를 살해하는 경우도 관찰되고 있다.

이와 같이 인간 이외의 동물의 세계를 둘러보면 거기에도 우리 인간처럼 가족이 있고, 가족을 둘러싼 문제가 존재한다는 것을 알 수 있다. 그러므로 동물의 가족을 비교 연구함으로써 우리 인간이 경험하고 있는, 가족을 둘러싼 여러 문제에 관한 단서를 얻게 될지도 모른다. 그 이전에, 가족이란 무엇이며 어째서 인간을 포함한 동물은 가족을 형성하여 생활하게 되었는지와 같은 근본적인 문제에도 다가설 수 있을 것이다.

행동생태학이란 무엇인가?

이 책은 이러한 문제의식을 염두에 두고 우선 인간계에서 동물계로 시각을 넓혀, 가족의 중심이 되는 수컷과 암컷이 어떻게 생식(生殖)에 임하는지에 관해 소개하고 있다. 이어서 가족이라는 사회 구조가 어떠한 상황 아래서 생겨나는지에 관해서도 생각해 보았다. 또한 그렇게 함으로써 알게 된 사실에 기초하여 인간 사회에 가족이 생겨난 이유를 행동생태학 또는 진화생태학의 입장에서 설명해 보았다. 같은 관점에서 의붓자식 살해나 아동 학대, 프리섹스 따위에 관해서도 의견을 기술해 보았다.

이렇듯 이 책은 '동물의 행동은 생태학적으로 어떠한 역할을 수행하는지, 또는 그러한 행동이 어떻게 진화되어 왔는지'를 밝히려는 행동생태학의 입장에서 인간 가족의 성립을 추구하고 그것을 널리 일반에게 소개하는 것을 목표로 삼았다.

독자 중에는 이와 같은 학문 분야와 친숙하지 않은 사람도 많을 것이므로 학문적인 세세한 이론이나 설명, 학문적 의미는 되도록 생략하고자 주의를 기울였다. 그런 연유로 다소 정확성 면에서 염려되는 부분도 있지만 그 점에는 애써 눈을 감기로 했다.

부족하나마 이 책을 계기로 가족이란 존재를 새롭게 바라보고, 가족이 인간에게 있어서 얼마만큼 중요한 존재인지 생각해 주었으면 하는 바람이다. 또한 앞으로 결혼해서 가족생활을 지향할 젊은 사람들은 함께 가족을 이루는 남자와 여자가 어떻게 다른지, 남자와 여자의 생물학적인 차이 또는 특질을 충분히 이해해 주시길 바란다. 왜냐하면 그러한 남녀의 생물학적인 특질 중에 '행복한 가족을 구축하기 위해 남자와 여자는 무엇을 해야 하는지, 또한 무엇을 하지 말아야 되는지'에 관한 힌트가 담겨 있다고 생각하기 때문이다.

차 례

프롤로그   동물들의 삶을 통해 확인하는 인간의 본능   ⋯ **005**

제1장   구애하는 수컷의 기발한 계략과 고난도 기술
         수컷이 암컷을 얻는 전략 전술   ⋯ **017**
         정조대를 채워서 아내를 지킨다   ⋯ **030**
         수컷이 암컷을 선택하는 기준   ⋯ **036**
         수컷은 교미 후에도 수정 경쟁을 한다   ⋯ **039**

제2장   짝을 선택하는 암컷의 치밀한 계산
         암컷은 치밀하게 계산하고 체크한다   ⋯ **045**
         암컷의 지혜가 자식의 성장을 좋게 한다   ⋯ **059**
         암컷은 특별한 방법으로 새끼 살해에 대비한다   ⋯ **064**

제3장   자식을 키우고 보호하는 특별한 지혜
         조류와 포유류의 자식 양육법은 다르다   ⋯ **071**
         부모에게 자식이란 무엇인가   ⋯ **080**
         자식 양육은 부모의 굴레이자 의무다   ⋯ **083**

자식 양육 기간에는 먹지도 않는다   ··· 088

부모의 행동은 진화한다   ··· 093

제4장   자식 양육을 둘러싼 가족의 이해와 대립

이성 간에도 이해 대립이 존재한다   ··· 103

동성 간에도 이해 대립이 존재한다   ··· 107

부모 자식 간에도 이해 대립이 존재한다   ··· 113

가족 간에도 이해 대립이 존재한다   ··· 117

동물의 여러 가지 가족을 소개한다   ··· 120

제5장   조류와 포유류의 신비로운 가족 구성

편친 가족   ··· 125

핵가족   ··· 132

확대 가족   ··· 141

혼성 가족   ··· 146

대집단에서 생활하는 가족   ··· 149

가족의 진화에 영향을 주는 요인   ··· 152

제6장　자식을 양육하는 가족들의 득실 계산

자식 양육에 드는 비용은 계산이 불가능하다 　　… **163**

물고기는 부자 가족이 우세하다 　　… **165**

새의 가족은 핵가족이 주류를 이룬다 　　… **170**

포유류는 모자 가족이 기본이다 　　… **174**

헬퍼가 얻는 것은 무엇인가 　　… **179**

제7장　수컷의 행동이 부른 가족의 위기

수컷의 의심증 　　… **185**

가족 간의 이해 대립 　　… **193**

먹이 부족이 부르는 참사 　　… **200**

제8장　수컷과 암컷은 무엇이 다른가

행동·심리로 보는 남자와 여자 　　… **209**

육체가 말하는 남자와 여자 　　… **218**

성 생리를 통해 본 남자와 여자 　　… **225**

여자의 기묘한 성적 특징 　　… **238**

제9장　인간의 핵가족을 더듬어 가는 여행

　아버지가 필요한 이유　　　　　　　　　　··· 247

　가족 진화와 성장의 서곡(序曲)　　　　　　··· 252

　가족의 기원과 진화　　　　　　　　　　　··· 259

　가족을 지탱하는 메커니즘　　　　　　　　··· 270

제10장　인류의 진화와 가족의 변천

　최초의 가족　　　　　　　　　　　　　　··· 281

　진화하는 핵가족　　　　　　　　　　　　··· 285

　현대의 가족　　　　　　　　　　　　　　··· 291

　친자 관계에 아파하는 현대 가족　　　　　··· 298

　부부 관계에 병들어 가는 현대 가족　　　　··· 306

　가까운 미래의 가족　　　　　　　　　　　··· 310

에필로그　가족을 불안정하게 만드는 요인　　　　··· 319

동물은 주변의 여러 가지 환경 요인을 생존과 생식(生殖)을 위해 이용한다. 이러한
환경 요인을 가리켜 '자원(資源)'이라고 부른다. 유성 생식(有性生殖)을 하는 동물의
경우 수컷과 암컷은 각기 상대방을 '이성(異性) 자원'으로 이용한다. 수컷과 암컷이
이러한 이성 자원을 얼마만큼 효과적으로 이용하느냐에 따라서, 이들이 다음 세대
에 남길 자식의 수가 크게 달라진다. 그런 까닭에 수컷과 암컷은 이러한 이성 자원
을 효과적으로 이용하기 위해 여러 가지 행동을 발달시켜 왔다. 우선 동물의 수컷
을 통해 알아보기로 한다.

제1장

•

구애하는 수컷의
기발한 계략과
고난도 기술

수컷이 암컷을 얻는
전략 전술

미국 대통령 쿨리지 일화

　　　　좀 더 많은 자식을 남기기 위해 수컷이 해야 할 일, 그것은 되도록 많은 암컷을 확보하여 수정(受精)시키는 일이다. 즉, 수컷의 입장에서는 수정시킨 암컷의 수가 많을수록 자식의 수가 많아지기 때문이다. 따라서 동물의 수컷은 종(種)의 여하를 불문하고, 어떻게 해야 좀 더 많은 암컷을 수정시킬 수 있을 것인가에 최대의 관심과 노력을 기울인다.

　이 점을 적절하게 빗대어 재미있게 표현한 것 중에 유명한 '쿨리지 일화'가 있다. 미국의 제30대 대통령 쿨리지가 영부인과 함께 한 농장을 시찰하러 갔을 때의 일이다.

　양계장을 둘러보던 영부인이 농부에게 이렇게 물었다.

"수탉은 하루에 몇 번이나 암탉과 관계를 하나요?"

농부가 대답했다.

"열 번 이상 합니다."

그러자 영부인이 말했다.

"그 얘기를 제 남편에게도 꼭 들려주세요."

이윽고 그 얘기를 전해들은 대통령이 농부에게 물었다.

"그런데 그 수탉이란 녀석이 항상 같은 암탉과 관계를 맺습니까?"

농부는 고개를 크게 내저으며 대답했다.

"그럴 리가요. 매번 다른 암탉과 합니다."

이 말에 대통령은 흡족한 듯 웃으며 말했다.

"방금 그 얘기를 내 아내에게 전해주지 않겠소?"

수컷은 많은 암컷을 수정시킴으로써 번식 성적이 향상된다. 그러면 수컷은 이 목적을 달성하기 위해 실제로 어떤 노력을 기울일까?

육탄전으로 상대를 제압하는 수컷

암컷을 차지하기 위해 많은 종의 수컷이 취하는 방법은 경쟁 상대인 수컷을 체력으로 물리치는 것이다. 예를 들어, 붉은사슴의 수컷은 번식기가 되면 암컷을 차지하기 위해 경쟁을 벌이는데 이때 경쟁은 음성을 겨루는 것에서부터 시작된다. 다시 말해, 수컷들은 체력을 최대한 짜내어 단위 시간 내에 몇 번이나 울음소리를 낼 수 있는지 경쟁한다. 소리를 자주 내려면 체력이 필요하고 자연히 몸집이 큰

수컷이라야 빈번하게 소리를 낼 수 있다. 1분 동안 수차례 소리를 내지를 수 있는 수컷은 제1급에 해당하는 큰 수컷이며, 이러한 수컷은 음성 경쟁에서 높은 승률을 나타낸다.

또한 붉은사슴의 수컷에게는 싸움에서 중요한 역할을 수행하는 멋진 뿔이 있다. 이 뿔은 음성 경쟁에서 승부가 나지 않을 경우에 이어지는 육탄전에서 힘을 발휘한다. 수컷들은 서로 뿔을 맞대고 지면이나 초목을 발로 차 흩뜨리는 등 격렬하게 싸운다. 그리고 이 싸움에서 승리한 수컷은 보통 몇 마리의 암컷을 아내로 확보할 수 있다.

붉은사슴 외에 체력으로 승부하는 동물에는 사자나 큰뿔양 따위의 포유류, 황소개구리나 두꺼비 같은 양서류, 송어 따위의 어류, 그리고 소금쟁이 따위의 곤충류 등 많은 동물이 있다. 그러나 그중에서도 물개와 강치, 바다코끼리 따위의 기각아목 분류군에 속하는 동물은 체력 승부형 동물을 대표한다고 볼 수 있다. 이러한 동물은 번식기가 되면 수컷과 암컷이 외딴 섬의 해안과 같은 좁은 장소로 모여든다. 그중 수컷은 다른 수컷을 체력으로 물리치고 일정 영역을 영역권으로서 확보하는데, 영역권을 확보함으로써 얻는 효과는 가히 발군이다. 왜냐하면 좁은 해안은 암컷들이 밀집해 있어서 수컷이 영역권으로 5평 정도의 땅을 확보하게 되면 순식간에 1부 10처나 1부 20처를 실현할 수 있기 때문이다. 개중에는 1부 100처를 실현하는 수컷도 있다. 이것은 수컷에게 큰 힘이 된다. 영역권 경쟁에서 이기면 그만큼 많은 암컷을 얻어 많은 자식을 낳을 수 있으므로 수컷은 이 일에 필사적일 수밖에 없다.

이와 같이 생식을 둘러싼 환경 속에서 자연 도태는 승률이 높은 큰 수컷에게 유리하게 작용한다. 그러므로 몸집이 커지는 유전적 성질을 지닌 수컷을 증가시킨다. 반면 암컷은 영역권을 만들지 않는다. 그러므로 영역권을 만들기 위해 싸울 필요도 없으며 싸우기 위해 특별히 큰 몸을 필요로 하는 것도 아니다. 그래서 암컷의 몸은 필요 이상으로 크게 자라지는 않는다. 요컨대 체력으로 암컷을 차지하고자 다투는 동물의 경우 자연히 암컷에 비해 수컷이 크게 성장한다. 가령 남바다코끼리의 수컷은 암컷에 비해 체중이 여덟 배나 더 나간다. 이런 동물은 몸집이 큰 수컷이 일부다처 또는 하렘을 실현하여 많은 암컷으로 하여금 자신의 자식을 낳게 한다.

암컷에게 자신을 어필하는 수컷

많은 종의 수컷이 채택하고 있는 암컷 획득 방법은 암컷에게 자기 자신을 어필하는 것이다. 다시 말해 자신이 수컷으로서 얼마나 우수한지 또는 자식 양육을 잘 하는지 따위를 암컷에게 호소하고 설득한다.

공작새나 꿩의 수컷이 지닌 화려한 장식털은, 자신의 아름다운 모습을 과시함으로써 암컷의 환심을 사기 위해 발달된 형태적인 구조이다. 이러한 어필 전략을 취하는 수컷은 뇌조, 마나킨새, 원앙새, 오리 따위의 조류에게서 많이 볼 수 있으며 다른 분류군의 동물에게서도 이따금씩 관찰된다. 아프리카에 서식하는 맨드릴원숭이의 얼굴색이 그중 한 예이며 연어나 송어, 거피 같은 어류의 수컷도 아름다운 색채를 과시하

며 암컷에게 어필한다.

한편 휘파람새나 개개비 따위의 새들은 목청으로 경쟁한다. 수컷은 소리가 잘 울려 퍼지도록 하는 동시에 높낮이와 악센트 및 리듬을 바꾸어 지저귐에 변화를 준다. 수컷이 그렇게 하는 이유는 암컷이 단조로운 지저귐보다 복잡한 지저귐을 좋아하기 때문이다. 복잡하고 멋진 지저귐을 연주하는 수컷이 암컷에게 인기가 높기 때문에 다른 수컷보다 빨리 짝을 이룰 수 있다. 그 결과 좀 더 빨리 알을 부화시키고 키워냄으로써 두 번째 번식에 들어갈 수 있다. 휘파람새나 개개비의 멋진 지저귐은 암컷의 요구에 응하여 수컷이 발달시킨, 말하자면 번식을 위해 적응된 형질이다. 이 밖에 청각적으로 암컷에게 어필하는 동물로서 개구리나 귀뚜라미 등이 있다.

동물도 파트너를 선물로 공략한다

인간 사회에서는 마음에 드는 여자에게 남자가 꽃이나 액세서리 등을 선물하여 공략할 때가 있다. 그런데 동물 세계에서도 이와 같은 일이 관찰된다. 그중 좋은 예가 각다귀붙이라는 곤충이다. 이 종의 수컷은 교미 전에 암컷에게 줄 선물을 준비해야만 한다. 선물이란 암컷이 즐겨 먹는 먹이, 즉 파리 따위의 벌레를 말한다. 수컷은 여기저기 날아다니며 그러한 먹이를 잡아 암컷에게 조달한다.

그러나 암컷은 선물을 가져오는 수컷이라고 해서 무조건 다 받아들여 교미하지는 않는다. 암컷은 교미하기 전 또는 교미가 시작되고 나서 수컷이 가져온 선물의 좋고 나쁨을 평가하는 듯싶다. 만약 선물이 충분히 크지 않으면 암컷은 교미를 중단하고 달아나 버린다. 그렇기 때문에 수컷은 선물 사냥에 소홀할 수 없다. 실제로 이 곤충의 수컷은 포획한 사냥감의 크기가 일정 수준에 이르지 않으면 암컷에게 선물하기 전에 내버리는 사례가 관찰되었다.

조류 중에도 선물로 암컷을 설득하는 종이 있다. 호반새라는 주홍빛을 띤 예쁜 새가 그렇다. 이 새는 계류나 물가의 나뭇가지에 앉아 눈 아래 물속의 물고기를 가만히 눈으로 쫓는다. 그러다 기회가 오면 총알같이 물로 뛰어들어 부리로 물고기를 낚아챈다. 호반새의 수컷은 이렇게 잡은 물고기를 나뭇가지에 세게 부딪쳐 죽인 후 암컷에게 선물한다. 호반새는 이러한 선물 과정을 거쳐 교미가 성립된다.

이것 외에 번식기에 수컷이 만드는 영역권(새끼를 기르기 위한 장소)도 일종의 선물로 간주할 수 있다. 이러한 번식용 영역권은 암컷이 안전하게 새끼를 낳고 길러내기 위해 필요한 환경이다. 그리고 이때도 각다귀붙이의 경우와 마찬가지로 선물의 좋고 나쁨이 암컷 획득 여부에 영향을 끼친다. 예를 들어, 사람의 통행이 잦은 인가의 산울타리에 영역권을 만드는 박새의 수컷은 쉽사리 암컷의 마음을 끌지 못한다. 이런 곳은 먹이가 적은데다 고양이 같은 포식자가 돌아다니는 위험한 장소라서 새끼를 안전하게 길러낼 수 없기 때문이다. 따라서 암컷은 그런 곳에 영역을 갖는 수컷을 꺼리게 된다.

한편 암컷이 원하는 선물이 특정한 좁은 장소에 집중되어 있을 경우, 수컷은 그것을 요령 있게 확보함으로써 일부다처를 실현할 수 있다. 람

프로로그스 칼립테루스(Lamprologus callipterus)라는 시클리드과의 물고기도 그중 한 예이다. 이 종의 암컷은 텅 빈 고둥의 껍질을 산란과 양육의 장소로 크게 선호하기 때문에 수컷은 고둥의 껍질이 집중되어 있는 장소를 영역권으로 확보한다. 암컷은 고둥의 껍질이 있으면 그곳에 쏙 들어가 산란하고 그 후에도 새끼가 알에서 나와 치어가 되고 둥지에서 독립해 나갈 때까지 그곳에 머문다. 이러한 연유로 빈 고둥이 많은 곳에 영역권을 갖거나 혹은 영역권 내에 빈 고둥을 많이 모으는 수컷일수록 많은 암컷의 방문을 받고 그들과 교미할 수 있게 된다.

암컷을 가로채기 위한 전략 전술

수컷이 암컷을 차지하는 가장 정통적인 방법은 체력 승부라고 이미 설명한 바 있지만 이 방식의 허를 찌른 '암컷 몰래 가로채기' 전략이 몇몇 동물에게서 관찰되었다. 예를 들어, 은연어의 수컷은 암컷 곁에 바싹 붙어 있다가 암컷의 방란(放卵)에 맞추어 방정(放精)하여 알을 수정시킨다. 알을 수정시키기 위해서는 이때 가능한 한 암컷 가까이에 바싹 붙어서 방정하는 기술이 필요하며 따라서 암컷과 가까운 곳에 자리 잡을수록 알을 수정시킬 확률이 높아진다. 그래서 수컷들은 되도록 암컷 가까이에 포진하려고 앞다투어 경쟁한다. 전술한 바와 같이 일반적으로 이 경쟁에서 승리하는 쪽은 몸집이 큰 수컷이다.

그렇다고 해서 몸집이 작은 수컷에게 생식의 기회가 전혀 없는 것도 아니다. 작은 수컷은 이를테면 숨겨진 기술을 이용한다. 즉, 작은 수컷은 승산이 없는 큰 수컷과의 싸움을 피하고 공격당하면 재빨리 달아나 버린다. 그리고 몸집이 작은 이점을 살려서 비교적 암컷과 가까운 바위 그늘 같은 곳에 몸을 숨기고 출격할 기회를 엿본다. 기회는 암컷과 수 컷이 방란과 방정을 하는 바로 그 순간이다. 작은 수컷은 전광석화처럼 뛰쳐나가 큰 수컷과 암컷 사이를 파고든다. 그리고 숨돌릴 틈도 주지 않고 방정한다. 작은 수컷도 알의 일부를 수정시킬 수 있으므로 소기의 목적은 달성한 셈이다.

그 밖에 이와 비슷한 기술을 구사하는 물고기가 있다. 그중에서도 파 랑볼우럭의 작은 수컷이 이용하는 전법은 다소 공이 들어가 있다. 이 수컷은 암컷 정도로 몸집이 작을 뿐 아니라 몸의 색도 암컷과 유사하 다. 게다가 평소에는 암컷 속에 섞여서 암컷과 함께 생활하기 때문에 크고 힘센 수컷의 공격을 요령 있게 피할 수 있다. 또한 그런 가짜들이 암컷과 함께 뒤섞여 있기 때문에 크고 힘센 수컷도 마음을 놓을 수가 없다.

영장류 가운데서도 사회적인 서열이 낮아서 교미 기회를 얻기 힘든 수컷이 서열이 높은 수컷의 빈틈을 노려 암컷을 유혹하고 교미하는 경 우가 몇몇 종에게서 관찰되고 있다. 침팬지도 그중 한 예이며 사회적 으로 하위인 수컷이 종종 상위 수컷의 눈을 피해 암컷과 교미할 기회를 노린다. 그러나 그 현장을 상위 수컷에게 들키는 날엔 하위 수컷은 호 된 공격을 당하게 된다. 재미있는 것은 이럴 때 하위 수컷은 엉뚱한 쪽 으로 시선을 돌리며 마치 아무 일 없었다는 듯이 시치미를 떼고 얼버무 리려 든다는 것이다.

오랑우탄의 수컷은 7~9세부터 사춘기가 시작되어 12~14세에 어른임을 특징짓는 제2차 성징이 나타난다. 그런데 도중에 성장이 멈추는 바람에 어른 몸집으로까지 자라지 못하는 수컷이 종종 발견된다. 이러한 수컷은 그 연령이 되어도 수컷의 제2차 성징을 발현하지 못한다. 그래서 제대로 된 어른 수컷으로서 인정받지 못하고, 다른 어른 수컷들이 벌이는 암컷 경쟁에 섞이지 못하지만 몸집은 작아도 암컷을 임신시킬 능력은 있다. 실제로 이처럼 작은 수컷이 암컷을 몰래 가로채 교미하는 사례가 관찰되었다. 이 경우의 교미는 암컷의 '동의'를 무시한 강제적인 교미이다. 관찰에 따르면 작은 수컷의 교미 횟수 151회 중 95%에 해당하는 144회가 이렇듯 강간과도 다름없는 강제적 교미였다고 한다.

새끼를 죽임으로써 암컷의
개체 수를 조작한다

수컷의 암컷 경쟁 중에서도 가장 격돌이 강한 경쟁은 '새끼 살해'일 것이다. 수컷에 의한 새끼 살해가 처음 확인된 것은 인도에서 서식하는 회색랑구르라는 원숭이이며, 새끼 살해가 암컷이라는 자원을 활용하기 위한 행동임을 처음 시사한 것은 사자이다. 수사자 한 마리는 자신보다 2~3배 많은 수의 암사자를 이성(異性) 자원으로써 확보하여 생식한다. 이 수사자와 암사자의 비율에서 알 수 있듯 숫자상으로 보면 사자는 일부다처제로 생식한다. 바꿔 말하면 '뒤편으로 밀려나는 수컷'이 생겨난다는 것이고, 밀려난 이들 수컷은 다른 수컷이 차지

하고 있는 암컷을 빼앗으려 기회를 노리게 된다.

그러나 밀려난 수컷이 설사 암컷을 차지하고 있는 수컷과 싸워 이긴다 해도, 그곳의 암컷과 바로 교미할 수 있는 것은 아니다. 왜냐하면 그곳의 암컷이 수유기의 새끼 등 독립하기 이전의 새끼를 품고 있으면 발정하지 않기 때문이다. 이런 암컷은 수컷이 다가와도 교미를 허락하지 않는다. 이러한 암컷의 교미 거부는 수컷에게 치명적인 일이 아닐 수 없다. 교미하려 해도 상대가 응해주지 않기 때문에 어떻게 할 도리가 없는 것이다.

그래서 수컷은 기존 수사자의 새끼를 물어 죽이는 강행 수단으로 어필한다. 암컷의 발정을 가로막는 것은 어미를 양육에 묶어두고 있는 젖먹이 새끼 사자이다. 그러므로 그 새끼 사자를 없애버리면 암컷은 자유의 몸이 되고, 다음 생식을 목표로 삼을 것이다. 그러고 난 다음 자신의 자식을 낳아 줄 것이다. 몇 가지 사실과 조건을 놓고 볼 때 수컷은 정말로 이런 논리 하에 그 암컷과 전남편 사이에서 태어난 새끼를 죽인다는 것이 밝혀졌다. 이리하여 몸집이 큰 수사자의 큼직한 어금니 앞에서 새끼 사자는 변변한 저항 한번 못해보고 절명하게 된다.

새끼 사자를 물어 죽인 효과는 이내 나타난다. 새끼를 잃은 어미는 발정을 개시하고 새로운 수컷을 받아들이게 된다. 경우에 따라서는 자진하여 수컷에게 모션을 취하여 교미한다. 요컨대 이때의 수사자는 새끼 사자를 죽이는 강행 수단으로 호소하여 이용 불가능한 암사자의 생식 생리를 이용 가능한 생리로 바꾸어 버린 것이다. 암컷의 성 생리를 자신의 편리를 위해 조작했다 해도 틀린 말은 아니다.

새끼 살해를 감행한 수사자는 살해당한 새끼 사자는 물론이고 그 어미 사자와 전남편인 수사자의 희생하에 이기적인 번식 목적을 달성한 셈이다.

수컷에 의한 새끼 살해는 이 밖에 여우나 이리 따위에게서도 나타난다. 원숭이목(영장류)의 새끼 살해는 전술한 회색랑구르 외에 붉은콜로부스원숭이, 고릴라, 침팬지 따위에게서도 보고되었다.

그 밖의 암컷 획득 방법

물잠자리를 포함한 어떤 종의 수컷이 감행하는 '정자 긁어내기'도 우리를 깜짝 놀라게 만드는 기발한 테크닉이다. 이것은 어떤 수컷이 교미를 통해 암컷에게 넣은 정자를 나중에 그 암컷과 교미한 수컷이 긁어내는 방법이다. 이 수컷 잠자리가 지닌 교미 기관의 끝에는 이러한 목적을 위해 발달된 특수한 구조가 있다. 수컷은 그것을 사용하여 이전에 교미한 수컷의 정자를 88~100%나 긁어낸다. 그런 연후에 자신의 정자를 넣게 된다. 요컨대 라이벌인 다른 수컷의 정자를 자신의 정자와 바꿔치는 셈이다.

이러한 초고난도의 기술이 생겨난 까닭은 잠자리를 비롯한 대개의 곤충은 교미를 통해 '정자를 암컷의 교미 기관 내에 보내는 것이 곧 수정'이라는 등식이 성립되지 않는 구조를 가지고 있기 때문이다. 일반적으로 곤충의 경우에는 암컷에게 보낸 정자가 암컷의 수정낭(受精囊)이라는 자루상의 기관에 보관되어 있다가 암컷이 알을 낳을 때 수정낭에서 밀려나와 수정에 쓰인다. 그러므로 교미가 끝나고 정자가 암컷의 몸에 들어가도 알의 수정은 아직 이루어진 것이 아니다. 정자를 긁어내는 것은 이를테면 정자 주입에서 수정까지 걸리는 시간 차이를 틈타서 알을 수정하려는 숨겨진 기술이다.

다른 수컷의 생식을 방해하여 교미 기회를 얻는 방법도 동물 세계에서는 드문 일이 아니다. 영장류 중에도 여러 종의 원숭이가 교미하려는 수컷을 위협하거나 맞부딪침으로써 방해한다는 사실이 알려졌다. 기아나바위장식새라는 남미산 새의 경우는 교미 방해가 수컷의 중요한 번식 행동의 한 가지로써 정착되어 있음이 보고되었다. 이와 같은 생식 방해는 곤충을 비롯하여 여러 동물에게서 나타나는 현상이다.

정조대를 채워서
아내를 지킨다

멍청한 수컷의 유전자는 소멸된다

수컷은 암컷을 얻기 위해 전력을 기울이는 한편, 어려운 문제에 대처할 줄 알아야 한다. 그것은 교미한 암컷이 확실하게 자신의 자식을 낳도록 만드는 일이다. 전술한 바와 같이 생식의 진짜 목적은 자신의 유전자를 복제하는 일이다. 물잠자리의 사례에서 보았듯이 교미하여 정자를 보낸 것까지는 좋았지만 그 후에 다른 수컷이 자신의 정자를 긁어냄으로써 수정에 실패하게 되면 그때까지의 노력은 죄다 물거품이 되고 만다. 애써 넣은 자신의 정자가 허무하게 버려지기 때문이다.

이 문제는 수컷이 자식을 양육하는 동물일 경우에 더욱 심각하다. 아내가 자기 자식을 낳았다고 철썩 같이 믿고 길렀는데, 알고 보니 생판 남의 자식이었다면 단순히 웃고 넘어갈 일은 아니다. 왜냐하면 그와 같이 멍청한 수컷은 자신과 똑같은 성질의 자식을 다음 대에 남길 수 없기 때문이다. 다시 말해, 아내는 멍청한 남편을 무시하고 좀 더 발전성 있는 다른 수컷의 자식을 낳을 확률이 높기 때문에 결국 멍청한 수컷의 유전자가 소멸되는 것이다. 그러므로 수컷은 암컷이 낳은 자식이 100% 자신의 자식이라고 확신할 수 없는 입장에 있다는 것을 명심하고 그에 따른 대책을 강구해야 한다. 수컷들은 기회만 있으면 남의 아내의 몸을 빌려서라도 자식을 낳겠노라고 탐욕스럽게 암컷을 찾아다니면서도 정작 자신의 아내는 아무도 못 건드리게 하는 아이러니한 면이 있다. 그런 만큼 중요하고 어려운 문제에 맞서 싸워야 하는 것이다.

철저한 감시로 아내의 혼외 교미를 막는다

수컷의 이러한 염려가 단순한 기우가 아니라는 것은 여러 동물의 사례를 통해 확인되고 있다. 예를 들면, 외견상 일부일처로 생식하는 조류를 연구한 결과, 실험 대상이었던 거의 대부분의 종에게서 암컷이 낳은 자식의 일부가 남편이 아닌 다른 수컷과의 사이에서 생긴 자식, 즉 혼외 자식임이 밝혀졌다. 황로(黃鷺)를 연구한 바에 의하면 관찰된 239회의 교미 중 147회(62%)가 혼외 교미였다는 보고도 있다. 혼외 자식의 비율은 대략 10~20% 정도이며 이것은 수컷에게 실로 중대한 문제이다.

따라서 수컷은 대책을 세우지 않을 수 없다. 온갖 수단을 동원하여 아내의 혼외 교미를 저지하고자 노력한다. 혼외 교미를 방지하기 위한 가장 보편적인 방법은 자신의 아내가 혼외 교미를 저지르지 않도록 항상 감시의 눈길을 보내는 것이다. 예를 들어, 어떤 잠자리의 수컷은 교미 후에 아내가 자신의 영역권 내에서 산란하는 동안 한시도 눈을 떼지 않고 주의를 기울인다. 만약 자신의 아내에게 다른 수컷이 접근하려들면 수컷은 숨돌릴 틈도 주지 않고 돌진하여 그 수컷을 쫓아버린다.

조류 역시 마찬가지로 아내를 감시한다. 오리나 원앙이 그중 한 예이다. 흔히 원앙 부부는 금슬 좋은 부부의 대명사로 되어 있지만 그것은 대단한 오해이다. 수컷이 아내 곁에 늘 붙어 다니며 사이좋게 보이는 모습은 사실 아내를 내버려둘 수 없는 수컷의 의심증이 빚어낸 현상이기 때문이다. 이렇게 노골적으로 말해버리면 멋도 정취도 없어진다 하겠지만 사실이므로 용서해 주시기 바란다.

물론 포유류에서도 많은 종의 수컷이 아내를 감시한다. 붉은사슴은 일부다처로 생식하지만 그 한편에서는 짝짓기에서 밀려난 수컷이 호시탐탐 암컷을 노리기 때문에 일부다처를 이룬 수컷으로서도 마음을 놓기가 어렵다. 이와 같은 현상은 일본원숭이, 개코원숭이 같은 원숭이류에게서도 볼 수 있으며, 인간에 가장 가까운 침팬지도 예외는 아니다.

남편의 감시를 피해 다른 수컷이 암컷에게 접근할 경우, 잠자리와 마찬가지로 남편 수컷은 찝쩍대는 수컷에게 공격을 가한다. 오리는 맹렬히 돌진하여 날개로 때리거나 부리로 마구 쪼아 공격한다. 붉은사슴도 뿔을 쳐들며 덤벼들어 접근하는 수컷을 쫓아버린다. 침팬지는 서열이 높은 수컷이 아내로 간주하는 암컷에게 다른 수컷이 손을 뻗으려하면 격렬하게 쫓아다니며 물어뜯어 응징한다.

정조대를 이용하여 아내를 지킨다

　　　　　　애호랑나비 등 나비목의 곤충 가운데는 아내의 혼외 교미를 방지하기 위해 '교미 마개'로 불리는 정조대(貞操帶)를 채우는 종이 상당수 있다. 교미 마개란, 수컷이 교미 때 암컷의 생식기 안에 정자와 함께 흘려 넣는 젤 상태의 성(性)부속물질[정포(精包) 물질]이 교미 후에 단단히 굳어져 생긴 것이다. 대개 정포 물질은 암컷의 생식기에서 흘러넘쳐 생식구(교미구)를 덮고 교미 후 얼마 지나지 않아 단단히 굳어버린다. 그리고 암컷의 교미구를 가로막아 다음 교미를 저지한다. 포유류중 날다람쥐에게서 이와 같은 사례가 관찰되고 있다. 하지만 사향제비나비의 수컷은 그래도 물러서지 않는다. 이 나비의 수컷은 다른 수컷이 교미하고 있으면 그 곁에 머물면서 교미가 끝나기를 기다린다. 이윽고 교미가 끝나면 앞선 수컷이 암컷의 교미구에 남긴 정포 물질이 채 굳기 전에 '교미봉'으로 불리는 교미 기관을 삽입하여 자신의 정자를 보낸다.

　수컷 자신이 정조대가 되어 아내의 혼외 교미를 방지하는 곤충도 있다. 큰우단하늘소의 경우, 수컷이 암컷의 등을 덮어씌우듯이 하여 교미하는데 수컷은 교미가 끝난 후에도 암컷의 등에 달라붙어 떠나려 하지 않는다. 만약 암컷의 등에서 내려오면 이것을 발견한 다른 수컷이 다가와 암컷과 교미해 버리기 때문이다. 그래서 교미를 마치고 교미 기관의 결합을 푼 이후에도 암컷에게 달라붙어 암컷을 지킨다.

하지만 이렇듯 집요한 암컷 방어에도 불구하고, 다른 수컷이 암컷을 지키고 있는 수컷을 공격하여 암컷의 등에서 끌어내리려 드는 일이 종종 발생한다. 지키는 쪽도 공격하는 쪽도 대단한 일이 아닐 수 없다.

스스로 정조대가 되어 아내를 지키는 동물의 전형이 잠자리이다. 잠자리의 수컷은 복부 말단에 위치한 '파악기(把握器)'라는 외부 교미 기관을 이용하여 교미한 이후에도 목덜미를 끼운 채 결합을 풀지 않는 종이 많다. 잠자리 두 마리가 딱 달라붙은 채 날아가는 광경을 흔히 목격할 수가 있는데, 그것은 수컷이 암컷의 목덜미를 잡고 암컷을 지키는 모습이다. 이러한 2연결 자세를 유지하고 있으면 다른 수컷이 와서 아내를 가로채려 하는 것을 막을 수 있다.

이렇듯 수컷이 몸 바쳐 지키는 암컷 잠자리는 2연결 자세 그대로 산란을 한다. '몸 바쳐 산란에 동참하는 수컷'이라고 하면 듣기에는 좋을지 몰라도 실은 암컷을 지키기 위한 궁극적인 방어책인 것이다.

그 밖의 아내를 지키기 위한 수컷의 노력

이 밖에도 아내 또는 교미한 암컷을 다른 수컷으로부터 지키는 동물이 있다. 나비의 한 종인 어느 수컷은 아내에게 다른 수컷이 달라붙지 않도록 제충 냄새를 붙여주는 방법을 이용한다. 말하자면, 수컷이 교미 시에 어떤 냄새나는 물질을 암컷에게 남겨 주는데 이것이 나중에 다른 수컷에게 기피(忌避)작용을 일으켜 제충 효과를 발휘하는 것이다.

　갈색제비의 수컷은 아내를 쫓아다니는 수컷이 너무 많아서 아내를 지켜낼 수 없는 상황이 되면 아내를 둥지 안에 밀어 넣고 다른 수컷이 접근하지 못하도록 한다.

　이상과 같은 수컷의 분투는 아내가 낳는 자식을 100% 자신의 자식이라고 확신할 수 없는 수컷의 입장을 여실히 보여준다.

수컷이 암컷을
선택하는 기준

수컷과 암컷 중 수가
적은 쪽이 선택한다

일반적으로 수컷은 많은 암컷을 수정시키는 능력이 있다. 그러나 이것은 뒤집어 생각하면, 수컷이 상대적으로 남아돈다는 것을 의미한다. 사실 이제까지 기술한 수컷끼리의 격렬한 암컷 경쟁도 결국 수컷의 수가 많기 때문에 벌어지는 현상이다. 다시 말해, 수컷으로서는 암컷이 부족한 가운데 어떻게 하면 남보다 앞서 교미하느냐가 문제인 것이다. 그러므로 대부분의 수컷은 교미하기에 앞서 암컷을 고를 여유가 없다.

그러나 경우에 따라서는 수컷이 암컷을 선택하는 장면이 연출되기도 한다. 몰몬귀뚜라미나 검은줄쌕새기 같은 메뚜기목 곤충의 몇몇 종에서는 교미에 앞서 수컷이 다량의 정포 물질을 암컷에게 보낸다. 그런데 그 양이 몰몬귀뚜라미의 경우에는 수컷 체중의 27%, 다른 종은 무려 체중의 40%에 달한다. 이것은 수컷에게 큰 부담이 된다. 하지만 수컷이 이 정도 양의 정포 물질을 1회 교미 때 사용해 버리고 나면 그것을 재보충하는데는 오랜 시간이 걸린다. 다량의 정포 물질을 재생산하기 위해서는 대량의 먹이를 섭취해야 하며 그러기 위해서는 며칠간의 시일이 필요하기 때문이다.

이것이 생식과 관련된 암수의 상대적인 숫자에 미묘한 영향을 끼친다. 즉, 수정하여 산란할 수 있는 암컷의 숫자에 비해 정포 물질을 재보충하느라 교미가 불가능한 수컷이 많아지게 되면 평소의 암수 관계와는 반대로 수컷이 부족하거나 암컷이 남아도는 현상이 발생한다. 이와 같은 상태에서는 상대적으로 수가 적은 수컷을 차지하기 위해 암컷끼리 경쟁해야 하는 일이 발생한다. 반대로 수컷은 상대적으로 수가 많은 암컷 중에서 자신에게 적합한 암컷을 고를 수 있다.

귀뚜라미는 무거운 암컷을 선택한다

실제로 몰몬귀뚜라미처럼 수컷이 다량의 정포 물질을 암컷에게 보내는 종의 경우 암컷이 수컷을 차지하기 위해 경쟁한다. 그리고 수컷은 암컷을 골라 선택한다. 몰몬귀뚜라미의 수컷은 체중이 가벼운 암컷을 거부하고 무거운 암컷을 선택한다. 이것은 옳은 선택이다. 왜냐하면 무거운 암컷은 알집에 좀 더 많은 알을 보유할 수 있기 때문이다. 요컨대 수컷은 일정량의 정포 물질에서 가능하면 많은 자식을 얻을 수 있는 쪽을 선택하는 것이다.

이렇듯 수컷이 암컷을 선택하는 것은 어떤 이유로 수컷이 교미에 응하기 어려워 교미 가능한 수컷의 수가 암컷의 수보다 적을 때 발생한다. 몰몬귀뚜라미의 경우, 그 이유는 수컷이 정포 물질을 재보충하는 데 시간이 걸린다는 점이었다. 물자라와 물장군 같은 곤충은 수컷이 새끼를 돌보는데, 많은 수컷이 새끼를 돌보느라 바빠서 며칠씩 매여 있다 보면 자연히 교미가 가능한 상태의 수컷이 부족해지고 그럴 때면 몰몬귀뚜라미와 마찬가지로 수컷이 암컷을 선택하는 일이 발생한다. 나중에 기술하겠지만 자식 양육에 많은 시간과 에너지와 재력을 소비하는 인간 세계에서도 남자가 여자를 선택하는 일이 발생하기도 한다.

수컷은 교미 후에도
수정 경쟁을 한다

경쟁의 승리를 위해 정자의 양을 늘린다

암컷이 여러 마리의 수컷과 교미하는 동물의 경우, 수컷은 암컷과 교미하여 암컷에게 정자를 보낸 후에도 라이벌 수컷과의 경쟁을 강요당할 때가 있다. 다시 말해, 교미의 목적은 단순히 암컷에게 정자를 보내는 것이 아니라 암컷의 알을 수정시키는 것이기 때문이다. 자신의 정자가 암컷의 생식 기관 안에서 다른 수컷이 보낸 정자와 수정 경쟁을 벌여 패하게 되면 생식의 목적을 달성할 수 없다.

이 경쟁에서 승리하는 방법 중 한 가지는 암컷에게 보내는 정자의 양을 늘리는 것이다. 수정될 확률은 자신이 보낸 정자의 양이 많을수록 높아지게 된다. 실제로 암컷이 여러 마리의 수컷과 교미하는 조류의 수컷은 1회 사정 시 방출하는 정자의 양이 많은 것으로 알려졌다. 이것은

영장류에게서도 확인되고 있다. 한편, 많은 양의 정자를 사정하려면 정자의 생산 속도를 높여야 하는데 어떤 종의 포유류는 수컷이 정자 생산 기관인 정소(고환)의 크기를 키움으로써 이 일에 대처한다. 골든햄스터가 그중 한 예로 이 햄스터의 수컷은 무척 큰 고환을 지니고 있다.

정자의 협력으로 수정 경쟁에 대비한다

흰넓적다리붉은쥐의 수컷은 수정 경쟁에 대비하여 놀랄 만한 대책을 짜내었다. 그것은 다름 아닌 정자의 협력이다. 이 수컷의 정자는 수백~수천 개가 열종대를 형성하여 돌진한다. 이 목적을 위해 정자에는 다른 정자에 달라붙기 위한 낫 모양의 훅이 달려있다. 정자는 이 훅을 이용하여 다른 정자에 달라붙어 열종대를 형성한다. 정자가 이와 같은 대열을 형성하면 전진 속도가 1.5배 정도 빨라진다. 또한 점성(粘性)이 높아 정자 한 개로는 전진하기 어려운 매체 속에서도 무난히 돌진할 수 있다. 이러한 정자의 성질은 격심한 수정 경쟁에 대한 적응이라고 여겨진다.

암컷이 바랄 수 있는 자식의 수는 자신이 생산한 알 또는 새끼의 숫자로 결정된다. 수컷과 달리 암컷은 아무리 많은 수컷과 교미하여도 암컷이 낳는 자식의 수는 늘어나지 않는다. 따라서 암컷으로서는 되도록 많은 자손을 남기기 위해 생산한 알이나 새끼가 성장하는 도중에 잘못되는 일 없이 무사히 확실하게 살아남는 일이 중요하다. 때문에 어떻게 해야 좀 더 많은 자식이 살아남을 수 있을지 노력하고 궁리한다. 그런 점에서 암컷에게 가장 중요한 일은 산란 수(産卵數)나 산자 수(産子數)를 늘려줄 수컷을 선택하는 일이다. 혹은 자기 자식에게 튼튼한 소질을 부여해 줄 만한 수컷, 잘 양육해 줄 수 있는 수컷 등 자식의 생존율을 높여 줄 수컷을 선택하는 일이다.

제2장

•

짝을 선택하는
암컷의
치밀한 계산

암컷은 치밀하게 계산하고
체크한다

건강한 수컷을 선택한다

암컷이 교미 상대인 수컷을 고르기에 앞서 유의해야 할 점 가운데 한 가지는 수컷의 건강 상태다. 만약 교미 상대인 수컷이 진드기 같은 기생충 또는 전염성 병원균에 감염되었다면 교미 도중에 기생충이나 병원균이 암컷에게 옮겨갈 위험이 있다. 일단 감염되면 암컷은 자신의 건강을 해치고 생식을 수행할 수 없게 된다. 그리고 수명이 짧아져서 사는 동안 번식 횟수가 줄어들 위험도 있다. 설령 알이나 새끼를 낳았다 해도 그러한 기생충이나 병원균이 자식에게 감염되어 생존율을 떨어뜨리고 최악의 경우 자식을 잃게 될 위험도 있다.

이러한 폐해는 단지 암컷뿐 아니라 수컷에게도 해당된다. 그러나 암컷이 단독으로 자식을 양육하는 것이 일반적인 포유류에서는 일단 모친이 기생충이나 병원균에 감염되면 건강을 해침으로써 자식을 제대로 보살필 수 없게 되고, 결국 만족스럽게 자식을 길러내지 못한다.

실제로 큰가시고기의 암컷은 디디니움(didinium)이라는 기생충에 감염된 수컷을 회피하는 것이 확인되었다. 암컷은 이 기생충에 감염되어 백반이 생긴 수컷을 꺼리고 대신 몸이 붉고 건강한 수컷을 선택한다.

근친자(近親子)는 회피한다

근친자와의 교미는 종종 유전적으로 문제가 있는 자식을 낳을 가능성이 있다. 예를 들어 금화조(錦華鳥)의 근친 교배 실험에 의하면 근친 교배로 태어난 새끼에게 몇 가지 장애가 나타나는 것을 볼 수 있다. 형제자매 같은 근친자끼리의 교미를 통해 태어난 새끼는 비근친자끼리의 교미를 통해 태어난 새끼에 비해 성장 속도가 느리고 성장 자체에도 장애가 나타날 뿐만 아니라 사망률도 높다.

근친 교배의 폐해를 입기는 수컷도 마찬가지이다. 그렇기 때문에 수컷도 근친자는 피해야 한다. 하지만 수컷은 암컷과 달리 비근친자와의 사이에서 유전적으로 문제가 없는 자식을 얻을 수 있는 길이 남아 있다. 그런 만큼 스스로 낳는 것 이외에 달리 자식을 얻을 길이 없는 암컷 쪽이 근친 교배의 폐해가 더 크다고 본다. 이러한 이유에서 자연 도태(自然淘汰)는 암컷에게 좀 더 엄격한 근친 교배 회피를 요구할 가능성이 있다.

연구에 의하면 암컷이나 수컷은 교미 상대로서 근친자를 피하는 것

으로 확인되었다. 예를 들어 메추라기의 암컷은 어린 시절 모친이나 형제자매와 함께 생활하는 동안 이들 근친자의 날개 모양 등 시각적인 특징을 기억한다. 날개 모양은 유전이므로 근친자는 비슷한 '생김새'를 지니고 있다. 이리하여 암컷은 교미 상대를 고를 때 그 기억을 단서로 하여 근친자를 회피한다. 즉, 기억해 둔 날개 모양과 닮은 수컷은 피하고 다른 모양의 수컷을 더 선호하는 것이다.

　박새의 암컷은 수컷의 지저귐을 단서로 하여 근친 교배를 피한다. 수컷의 지저귐에는 다소 개인차가 있으며 수컷은 새끼 때에 부친의 독특한 지저귐을 듣고 기억한다. 그리고 성장하고 나서 그 기억을 토대로 자신의 울음소리를 발달시킨다. 그 결과 수컷들은 훗날 부친의 지저귐과 비슷한 소리를 내게 된다. 한편, 암컷도 어린 시절 부친의 지저귐을 듣고 기억해 두었다가 배우자를 고를 때 이 청각적 단서를 활용하여 근친자를 회피한다. 메추라기의 암컷이 어릴 때 기억한 시각적 단서를 토대로 근친자를 피하는 것과 마찬가지로 박새의 암컷은 기억해 둔 청각적 단서에 근거하여 근친자를 피한다.

근친 교배를 회피하는 가장 일반적인 방법은 암컷 또는 수컷이 성 성숙(性成熟)하는 시기를 가늠하여 가족의 품을 떠나는 것이다. 예를 들면 침팬지의 암컷은 사춘기를 맞을 무렵 무리를 떠나고 일본원숭이는 수컷이 무리를 떠나며 사자의 경우는 성 성숙하기 전인 세 살이 지날 즈음 태어나서 자란 집단을 떠난다.

미국에 서식하는 프레리도그처럼 암컷의 생식 생리가 근친 교배 회피에 도움이 되는 동물도 있다. 이 동물은 암컷 한 마리와 수컷 3~4마리가 몇 마리의 자식과 한데 모여 그룹을 형성하여 생활하기 때문에 암컷이 성 성숙하면 부녀지간과 같은 근친 교배가 발생할 위험이 있다. 그러나 딸은 성 성숙기(번식 적령기)가 되어도 부친이 곁에 있으면 발정이 일어나기 어렵다는 생리적 특질을 갖고 있다. 이것에 의해 암컷은 부친과의 근친 교배를 회피한다. 형제 간에는 형제가 성 성숙을 앞두고 집단을 떠남으로써 근친 교배를 회피한다.

한편, 근친자가 가까이 있어도 프레리도그의 암컷이 발정할 때가 간혹 있다. 하지만 그 경우에도 암컷은 부친이나 형제와의 교미를 거부하며 회피한다. 이와 같이 동물의 암컷은 여러 가지 방법을 구사하여 근친 교배를 피하고 있다.

암컷은 근친자를 피하는 소극적인 방법뿐만 아니라 자신과 유전적으로 다른 상대를 적극적으로 찾는 것 같다는 보고도 있다. 그중 한 예가 푸른박새라는 작은 새이다. 푸른박새의 암컷은 남편과의 사이에서 자식을 얻는 것 이외에 다른 수컷과도 교미하여 자식을 낳는다. 그런데 연구에 의하면 암컷이 혼외 교미 때 고르는 상대는 이웃의 수컷이 아니라 타지에서 온 수컷이라 한다. 타지에서 건너온 수컷은 아무래도 이웃의 수컷보다 유전적으로 멀 수밖에 없다. 그러므로 암컷은 이 유전적으로 차이가 나는 타지의 수컷을 선택함으로써 유전적으로 다양한 자식을 얻으려는 것으로 판단된다.

유전적인 자질이 우수한
수컷을 고른다

건강 상태에 문제가 없고 근친자도 아닌 수컷이라 해서 무조건 환영하지는 않는다. 외견상 건강하게 보이는 수컷이라도 모두 같은 자질을 갖고 있는 것은 아니기 때문이다. 동물은 일란성 쌍생아가 아닌 이상, 개체가 지닌 유전자가 모두 같을 수는 없으므로 각 개체마다 나름대로 유전자가 다르다고 봐도 좋다. 즉, 암컷이 고르는 수컷은 어딘가 유전자에 차이가 있다는 것이다.

이러한 유전자 중에는 병원균이나 기생충에 비교적 강한 자질, 사냥을 잘 하는 자질, 멋진 지저귐으로 암컷에게 인기 있는 자질 등 동물의 생존과 생식에 영향을 끼치는 자질도 포함되어 있다고 본다. 그러므로 암컷이 어떤 수컷을 선택하느냐에 따라 건강상 생존율이 높은 자식을 얻을 수도 있고 이성에게 인기가 있어 생식을 일사천리로 달성하는 자

식을 얻을 수도 있는 것이다.

　푸른박새의 암컷은 수컷의 유전적 자질에 대해서도 소홀함 없이 신중하게 선택하는 듯싶다. 푸른박새의 암컷은 수컷 머리 부위의 자외색 (자외선의 반사)이 뚜렷한 수컷을 선호한다고 알려졌는데, 이 뚜렷한 자외색을 지닌 수컷이 생존력도 높고 유전적으로 우수하다는 것을 알고 있기 때문이다. 또한 암컷은 이웃의 수컷과도 혼외 교미를 할 때가 있으며 그때는 사회적 지위가 자신의 남편보다 높은 상대를 고른다는 보고도 있다. 사회적 지위가 높은 수컷은 생존력이나 투쟁력 면에서 다른 수컷보다 유전적으로 우수할 가능성이 높다고 여겨진다. 실제로 서열이 높은 수컷 푸른박새는 몸집이 크고, 이듬해 번식기까지의 생식률이 좀 더 높은 것으로 알려졌다.

이러한 이유에서, 암컷은 남편의 유전적 자질에 만족하지 못할 경우 그것을 만족시켜 줄 사회적 지위가 높은 수컷을 노리는 듯싶다. 실제로 어느 연구 결과에 따르면 혼외 교미를 감행하는 것은 사회적으로 지위가 낮은 수컷을 남편으로 둔 암컷인 경우가 많았다.

그렇다면 유전적 자질이 좋은 수컷을 고르기에 앞서 암컷은 수컷의 어떤 점을 단서로 삼을까? 지금까지의 연구 결과에 의하면 암컷은 성적 2차 성징, 즉 날개의 선명도, 아름다움, 모양이나 문양의 멋진 정도, 장식 깃털의 크기나 색상, 벗이나 육수(肉垂)의 크기 등을 단서로 삼는다. 혹은 마나킨 새처럼 수컷이 추는 구애 댄스의 격렬함이나 기발함, 개개비 수컷의 멋진 지저귐 등 수컷이 보이는 구애 행동이 얼마나 매력적인지를 단서로 삼는 동물도 많다.

고가(高價)의 혼인 선물을
주지 않으면 달아난다

각다귀붙이의 암컷은 수컷의 혼인 선물이 작으면 교미를 중단하고 달아나 버린다고 앞서 설명한 바 있다. 그렇다면 암컷은 왜 혼인 선물이 작으면 수컷에게 퇴짜를 놓을까? 그것은 무엇보다 선물의 크기가 암컷의 수명에 영향을 줄 수 있기 때문이다. 첫째, 큰 선물을 받으면 암컷은 좀 더 많은 영양을 섭취할 수 있고, 그것은 곧 수명 연장으로 이어진다. 둘째, 큰 선물을 마음껏 먹은 만큼 사냥을 하지 않아도 되는 시간이 늘어난다. 각다귀붙이는 사냥을 하기 위해 날아다닐 때 거미집에 걸려 목숨을 잃을 위험이 있고, 그렇기 때문에 암컷으로서는 사냥 시간이 짧을수록 오래 살 가능성이 커진다. 바로 이 점과 관련하여 큰 선물은 그만큼 위험한 사냥을 줄여주기 때문에 암컷의 수명 연장으로 이어진다.

그러나 큰 선물의 가장 직접적이고 중요한 효과는 산란 수의 증가이다. 연구에 의하면 각다귀붙이는 큰 선물을 받은 암컷일수록 산란 수가 늘어나는 것으로 확인되었다. 암컷은 큰 선물의 풍부한 영양을 충분히 이용하고 그럼으로써 알의 수를 늘릴 수 있는 것이다. 따라서 암컷은 되도록 큰 선물을 받는 것이 유리하다.

이처럼 수컷이 암컷에게 혼인 선물을 주는 동물에는 앞서 말한 각다귀붙이나 호반새 이외에도 춤파리, 물총새, 제비갈매기 등이 있다.

정포 물질은 영양의 공급원으로
좋은 선물이다

혼인 선물이라고 해서 반드시 눈에 보이는 것만이 전부는 아니다. 메뚜기목 곤충의 수컷이 교미 때 정자와 함께 보내는 정포 물질도 혼인 선물의 일종이다. 제1장의 교미 마개 때 소개한 것처럼 수컷에게 있어서 정포 물질은 암컷이 다른 수컷과 교미하는 것을 방지하는 정조대 역할을 한다. 아울러 암컷에게는 영양 공급원이 된다. 암컷은 교미 때 정포 물질을 교미낭(交尾囊)이라는 자루로 받아들이는데 이 교미낭을 통해 정포 물질을 흡수하는 듯싶다. 이것의 자세한 과정은 알 수 없지만 정포 물질이 그 후 암컷의 체조직의 영양원으로 이용되거나 알을 증산하는 데 이용된다는 사실만큼은 확실하다. 맨 처음 나비의 한 종을 통해 이러한 사례가 보고되었을 때는 많은 연구가들도 놀라지 않을 수 없었다. 그러나 이후 비슷한 사례가 다른 나비에게서도 확인되면서 암컷의 정포 물질 섭취는 결코 드문 일이 아님을 알게 되었다. 즉, 이들 나비의 암컷은 영양을 입으로 섭취하는 동시에 교미낭에서도 섭취한다는 것이다.

그런데 얼마 지나지 않아 이 정포 물질을 정말로 입을 통해 섭취하는 동물이 몇 종 발견되었다. 오스트리아에 서식하는 메뚜기목의 몰몬귀뚜라미도 그중 하나이며 이 종의 암컷은 수컷이 교미 때 보낸 정포 물질을 먹는다. 수컷이 교미 때 보낸 대량의 정포 물질은 암컷의 교미 기관 밖으로 흘러넘치는데 그 물질을 교미 후에 암컷이 입으로 먹는 것이다. 이러한 정포 물질은 산란 수 증가로 이어져 암컷으로서는 바랄 나위 없는 효과를 발휘한다.

정포 물질이 암컷에게 이토록 귀중한 영양원이 된다면 암컷으로서는 이 영양원을 대량으로 가진 수컷을 고를 가능성이 있다. 이에 관심을 가진 한 연구가가 미국의 알팔파 나비를 대상으로 실험한 결과, 이것은 실제로 일어나는 현상임이 밝혀졌다. 이 나비를 비롯한 수컷 나비들은 교미 때 정포 물질을 사용하면 그것을 재보충하는 데 2~3일이 걸린다. 말하자면, 교미 직후 또는 교미 후 얼마 동안은 수컷이 충분한 양의 정포 물질을 갖고 있지 않다는 것이다. 그러므로 암컷이 만약 이러한 수컷과 교미를 하면 얻어야 할 정포 물질을 얻지 못하게 된다는 결론이

나온다.

연구에 의하면, 암컷은 역시 빈틈이 없다. 암컷은 노령의 수컷보다 젊은 수컷을 골라서 교미하는데 노령의 수컷은 젊은 수컷보다 교미를 통해 정포 물질을 사용했을 가능성이 높기 때문에 암컷의 이 선택은 옳은 것이다. 그뿐만 아니라 암컷은 자신을 향한 구애의 '열의'에도 관심을 기울여 결과적으로 열심히 구애하는 수컷을 선택하는데 이것 역시 옳은 일이다. 왜냐하면 구애에 열심인 수컷일수록 지난 번 교미 이후 시간이 경과되었을 테고 자연히 정포 물질을 제대로 보충하여 충분한 양을 갖고 있을 것이기 때문이다. 반대로 교미한 지 얼마 안 되어 정포 물질을 충분히 보충하지 못한 수컷은 구애에 열의를 다하지 못하고, 암컷이 애를 태우면 아예 포기해 버린다. 이렇듯 정포 물질 부족은 수컷의 태도를 통해 고스란히 나타난다. 그러므로 암컷은 결코 서둘러서는 안 된다. 상대가 정체를 드러낼 때까지 애를 태우는 작업은 암컷에게는 무척 중요한 일이다.

수컷은 좋은 생활 환경을 제공해야 한다

혼인 선물이나 정포 물질은 암컷의 산란 수 및 산자 수를 높이는 데 직접적으로 효과를 발휘하는 중요한 선물이다. 그런데 수컷이 주는 선물에 암컷이 주의를 기울여야할 점이 또 한 가지 있다. 번식기에 수컷이 만드는 영역권은 암수가 서로 협력하여 자식을 양육할 장소이므로 대단히 중요하다. 그러므로 암컷은 여러 장소에 영역권을 넓히는 수컷 가운데서 안전하면서도 먹이가 풍부한 영역권을 제공해 줄 수컷을 골라야 한다.

흰어깨멧새의 경우, 둥지를 만들 장소가 햇빛이 직접 닿는 곳이면 새끼가 자립할 비율이 낮아진다. 연구에 의하면, 암컷은 짝짓기를 할 때 실제로 이 점에 주의하여 상대를 고르는 듯싶다. 햇빛이 직접 닿지 않는 양호한 보금자리를 준비해 온 수컷은 평균 두 마리의 암컷을 거느릴 수 있었던 것에 비해, 이러한 보금자리가 없는 곳에 영역권을 만든 수컷은 암컷을 얻을 수 없었기 때문이다. 흰어깨멧새의 암컷은 자식을 제대로 키워낼 것 같지 않은 수컷과 짝을 이루고 그곳의 정부가 되기보다 일부이처라도 좋은 보금자리를 준비한 수컷과 짝을 이루는 것이 더 낫다고 '판단'한 것이 틀림없다.

박새는 인가의 산울타리보다 강가의 나무 무성한 삼림이 새끼에게 안전하고 먹이의 양도 많다는 것을 알고 있으며, 암컷은 번식 장소로써 그러한 곳을 선호하는 듯싶다. 사실 수컷이 그런 곳에 영역권을 가지고자 필사적으로 경쟁하는 것도 따지고 보면 암컷이 그런 곳을 선호하기 때문이다. 그런 장소에 영역권을 만들면 암컷을 얻기 쉬워진다는 이점이 있는 것이다.

수컷은 자식 양육을 위해
혼신의 힘을 다한다

자식을 양육하는 동물이라면 수컷이 얼마나 자식을

잘 기를 수 있을지가 중요하다. 당연히 암컷은 이 점에 관심이 있을 것이다.

제비갈매기에 관한 연구는 암컷이 실제로 이 점에 대해서도 선택의 눈을 가지고 있음을 시사한다. 이 새는 구애 기간 중에 수컷이 물고기나 새우 따위를 잡아 암컷에게 선물한다. 암컷은 그것을 맛있게 먹어치우는데 이때 암컷의 선물 요구는 상당히 극성맞은 듯싶다. 수컷이 꽤 많은 먹이를 선물해도 암컷은 여전히 수컷에게 먹이를 조르기 때문이다. 이 때문에 수컷은 새벽 4시 반부터 저녁 7시까지, 하루 동안 무려 14시간을 노동하여 암컷에게 선물을 가져다주어야 한다.

이렇듯 암컷이 탐욕스럽게 먹이를 조르는 것은 단지 거기서 영양분을 받아 자신의 건강 상태를 향상시키기 위한 것만은 아니다. 알에 충분한 영양을 보내어 건강한 새끼를 낳기 위해서만도 아닐 것이다. 이러한 일은 물론이거니와 암컷은 좀 더 앞을 내다보고 수컷의 자식 양육 능력을 평가하는 것인지도 모른다. 구애 기간 중에 먹이를 많이 가져오는 수컷은 새끼에게도 먹이를 잘 공급할 것이기 때문이다. 따라서 암컷은 구애 선물을 얼마만큼 가져오는가로 수컷의 자식 양육 능력을 체크할 가능성이 있다.

실제로 이 점과 관련 있을 것으로 짐작되는 파혼 케이스가 관찰되었다. 이 커플을 대상으로 구애 기간 중에 수컷이 얼마만큼 선물을 가져왔는지 살펴본 결과, 그 양이 적었음을 알게 되었다. 암컷도 한동안은 그러한 수컷의 구애를 받아들였으나 결국 미덥지 못하다는 판단하에 단념했을 것이라고 추측된다.

가시고기는 부성애의 상징이라고 해도 좋을 만큼 수컷이 자식 양육에 열심인 동물이다. 암컷은 알을 낳자마자 수컷에게 자식을 맡기고 떠나는데 그 때문에 암컷의 입장에서는 수컷이 자식을 제대로 키워줄지 염려될 것이다. 그 수컷의 자식 양육 능력을 평가하는 단서가 수컷의 구애 행동 속에 있음을 유럽산 큰가시고기를 통해 알게 되었다. 이 가시고기는 강바닥의 수초 같은 곳에 보금자리를 만들고 그곳에 암컷을 끌어들여 산란을 유도한다. 하지만 암컷은 처음부터 그리 호락호락하게 넘어가지 않는다. 수컷은 그와 같이 신중한 암컷을 향해 지그재그 댄스로 불리는 특별한 춤을 펼쳐 보이기도 하고 머리를 위로 향한 채 몸을 가늘게 떠는 등 구애 행동으로 어필한다.

그렇다면 암컷은 과연 어떠한 수컷을 선택할까? 그래서 다음과 같은 실험을 한 사람이 있다. 우선 유리 수조를 세 개 장치한다. 그중 가운데 수조에 암컷을 넣고, 나머지 양쪽 수조에 수컷을 한 마리씩 집어넣는다. 이리하여 양쪽의 수컷이 구애 행동을 하면 암컷은 그 모습을 유리 너머로 볼 수 있다.

간단한 실험이지만 그 결과는 무척 흥미로웠다. 암컷은 양쪽 수컷의 구애에 반응하여 가까이 다가가거나 한동안 멈춰 있기도 하였는데, 이와 같은 반응을 유발하는 것은 예의 머리를 위로 향한 자세에서 몸을 떠는 행동이었다. 암컷은 이 구애 행동을 좀 더 잦은 횟수로 행하는 수컷에게 강한 반응을 보였다. 때로는 좀 더 수컷 가까이로 다가가려다 유리 수조에 부딪히는 일도 관찰되었다.

더욱 흥미로운 것은 암컷에게 매력으로 다가오는 이 몸을 떠는 행동

이 수컷의 자식 양육 능력과 관련이 있다는 사실이다. 즉, 이 행동을 잦은 빈도로 반복하는 수컷일수록 부화시키는 알의 비율이 높다. 이것을 보면, 암컷이 몸을 떠는 수컷의 행동에 관심을 보이는 이유도 짐작할 수 있다. 다만 몸을 떠는 행동이 어째서 알의 부화율과 관련 있는지 그 이유는 알 수 없다. 큰가시고기의 수컷은 알들에게 산소를 공급하고자 가슴지느러미를 부채질하여 끊임없이 둥지 안에 신선한 물을 넣어준다. 이 부채질을 얼마만큼 성실하게 하느냐에 따라서 알의 부화율이 달라진다고 알려져 있다. 그리고 보면 수컷의 구애 작전인 몸을 떠는 행동과 이 가슴지느러미를 부채질하는 행동이 뭔가 구조적으로 관련이 있는지도 모른다.

암컷의 지혜가
자식의 성장을 좋게 한다

현명한 출산법으로 위험을 피한다

　　　　　이상과 같이 신중하게 수컷을 고른 후 암컷은 알 또
는 새끼를 낳다. 이 산란(産卵) 및 산자(産子)에 관한 한 암컷은 수컷의
힘을 빌릴 수는 없다. 믿을 것은 자신의 두뇌뿐이다. 어떤 방식으로 알
이나 새끼를 낳느냐가 암컷의 번식 성적에 무시할 수 없는 영향을 끼치
기 때문이다.

　독수리나 매는 맹금류 그룹에 속하는 새이며 뱀, 쥐, 토끼, 혹은 오리
등 다른 종의 새를 잡아먹는 육식동물이다. 이와 같은 육식동물은 조류
든 포유류든 먹이를 확보하는 것이 큰일이다. 모처럼 새끼를 부화시켰
어도 먹이가 부족해서 목숨을 잃는 경우도 적지 않다. 그래서 새끼의
수는 보통 두 마리 정도로 한정된다. 참새나 박새처럼 다섯 마리든 열

마리든 키울 수 있는 여건이 되지 않는 것이다.

더구나 맹금류는 그 두 마리도 끝까지 키워내지 못할 때가 종종 있다. 특히 새끼가 한창 성장하느라 자꾸자꾸 먹이를 요구할 때는, 그 식욕을 충족시켜주는 일이 쉽지 않다. 그래서 암컷은 시차(時差) 산란을 한다. 두 마리의 새끼가 동시에 태어나서 같은 페이스로 성장하게 되면 한창 성장기 때에는 두 마리분의 먹이를 구하기 어렵기 때문에 시간차를 두고 알을 낳는 것이다. 이렇게 하면 첫째가 먹이를 대량으로 요구할 때도 둘째는 아직 적은 양의 먹이로 만족할 수 있기 때문에 그럭저럭 두 마리의 새끼를 키울 수 있다. 따라서 이 시차 산란은 맹금류의 암컷이 머리를 쓴다는 것을 보여주는 사례이다.

그러나 그 경우에도 부모는 종종 새끼의 먹이를 공급하기 어려울 때가 있다. 이런 때 새끼들은 서로서로 먹이를 쟁탈하며 목숨을 부지하는데, 시차 산란에 의해 나중에 태어난 새끼는 아무래도 체력 면에서 첫째를 당해내지 못한다. 원래 늦게 부화했기 때문에 몸집이 작은데다 먹이 쟁탈전에서 뒤처지기 때문에 체격 차가 점점 더 벌어진다. 급기야 먹이를 못 먹어 굶어죽는 경우도 있다.

그뿐 아니라 맹금류는 먼저 태어난 큰 녀석이 작은 녀석을 쪼아 괴롭히거나, 둥지 가장자리로 밀어붙이고, 심한 경우에는 둥지 밖으로 내쫓기도 한다. 그 결과 가엾게도 둘째는 생명을 잃고 만다. 그런데 이상한 것은 부모가 새끼들끼리의 싸움에 관여하지 않는다는 점이다. 냉혹하다고 하면 냉혹하기 이를 데 없는 태도이지만 따지고 보면 이것도 혹독한 먹이 환경 속에서 최소한 한 마리라도 건강하게 길러내기 위한 합리적인 자식 양육법이라고 판단된다.

태어날 자식의 성비(性比)를 조절한다

좋은 수컷을 고르고 출산법을 궁리하여 조금이라도 더 번식 성적을 높이려는 암컷의 지혜에 경의를 표하지 않을 수 없다. 그런데 암컷은 이것 말고도 신기에 가깝도록 놀라운 기술을 갖고 있다. 장차 태어날 자식의 성비를 자신에게 유리하도록 조절하는 것이다. 동물뿐 아니라 인간도 자신에게 내려진 자식이 암컷일지 수컷일지, 딸일지 아들일지는 신만이 아는 영역이라고 생각한다.

그런데 그렇지가 않다. 피셔라는 사람은 암컷이 낳을 자식의 성은 암컷의 재량에 따라 정해진다는 무척 독특한 의견을 발표하였다. 예를 들어, 여기 암컷이 수컷보다 3배가량 많은 동물 사회가 있다고 가정한다. 이 사회에서는 딸(암컷)을 낳을 확률이 높은 암컷이 아들(수컷)을 낳을 확률이 높은 암컷에 비해 불리해진다. 왜냐하면 암컷이 남아도는 사회에서 딸을 낳을 경우, 장차 그 딸은 상대적으로 적은 수컷을 차지하기 위해 혹독한 경쟁에 직면할 것이기 때문이다. 그에 비해 아들을 낳을 확률이 높은 암컷은, 자신의 아들이 평균 잡아 일부삼처는 실현할 것으로 기대할 수 있다.

그렇다면 이 양쪽의 번식 성적을 손자 대(代)에서 살펴보기로 한다. 우선 손자를 어느 정도 남길 수 있을지 생각해 보자. 딸을 많이 낳는 암컷은 그 딸을 통해 손자를 얻게 된다. 그러나 손자의 수는 기껏해야 그 딸이 낳는 만큼의 수밖에 기대할 수 없다. 앞서 말한 바와 같이 딸이 교미 기회를 놓치면 당연히 손자는 얻을 수 없다. 그에 비해 수컷을 많이 낳는 암컷은 그 아들이 교미 상대인 암컷을 구하는 데 부족함이 없어 일부삼처로서 번식할 수 있다.

그 결과 이 동물 사회에서는 아들을 많이 낳는 암컷(모친)은 딸을 많이 낳는 암컷보다 평균 3배 많은 손자를 기대할 수 있다. 생식의 목적은 다음 세대에 자신의 유전자를 얼마나 많이 퍼뜨릴 것인가이므로 이 경우 손자 대에서 좀 더 많은 자손을 얻을 수 있는 성을 선택한 암컷이 유리해진다. 이렇듯 암컷이 아들을 낳느냐 딸을 낳느냐에 따라서 더 많은 손자를 기대할 수 있다면 태어날 자식의 성비를 조절함으로써 커다란 생식 이익을 거둘 수 있다.

그러나 이 암컷 간의 성비 조절 경쟁에서도 한쪽이 마냥 계속해서 이득을 보는 것은 아니다. 이번 사례에서는 아들을 많이 낳는 암컷이 당초에는 커다란 이익을 향유하지만 세대가 경과함에 따라 수컷의 수가 서서히 늘고 마침내 암수의 숫자가 같아지는 상태까지 도달한다. 그러면 그 이후부터는 아들을 많이 낳는 암컷이, 수컷이 남아도는 사회를 만들게 되어 이번에는 아들을 많이 낳는 쪽이 오히려 불리해진다. 여기서는 소수 쪽의 성을 낳는 암컷이 유리한 '소수자의 유리한 힘'이 작용한다. 결국 이 동물 사회는 당초의 암컷 과다 현상이 해소되고, 암수의 비가 동일한 사회를 실현한다. 요컨대 암수의 비율이 일반적으로 1:1인 것은 위에서 보다시피 암컷 간의 성비 조절 출산 경쟁의 결과이다. 여기서는 당초, 암컷이 많은 사회에서 출발하여 생각했지만 반대로 수컷이 많은 사회에서 출발해도 결과는 마찬가지이다.

이상이 피셔의 '암컷에 의한 성비 조절' 가설의 개요이며, 이것은 탁상공론이 아니라 많은 동물에 의해 실증되고 있는 사실이다. 예를 들어, 파리금좀벌(Nasonia vitripennis)이라는 집파리 기생벌의 암컷은 성비를 1:9에서 9:1까지 자유롭게 조절한다는 것이 실증되었다. 또한 유대류(有袋類)의 한 종인 날다람쥐나 붉은털원숭이에게서도 같은 결과가 보고되었다. 우리 연구실에서 시행한 햄스터 연구에서도 암컷은 때맞춰 성비를 조절한다는 결과를 얻을 수 있었다.

암컷은 특별한 방법으로
새끼 살해에 대비한다

살해를 피할 목적으로

여러 마리 수컷과 교미한다

제1장에서 소개한 바와 같이 사자 및 원숭이 그룹 내에 새롭게 등장한 수컷이 저지르는 새끼 살해는, 암컷의 번식에 있어서 커다란 장해 요인이 된다. 영장류에서는 새끼 사인(死因)의 30~40%가 이렇듯 동종의 수컷에 의한 살해 때문인 것으로 밝혀졌다. 마찬가지로 새끼 살해는 어류나 곤충 따위의 다른 동물에서도 관찰된다.

그렇다면 이들 조류나 포유류의 암컷은 그저 손놓고 새끼가 죽어나가는 것을 방관하는 것일까? 아니, 그렇지는 않는다. 암컷들도 각자 여러 가지 방책을 강구하여 새끼 살해에 대처한다. 예를 들면, 마찬가지 이유로 새끼 살해의 피해를 입는 호랑이꼬리여우원숭이의 암컷은 수컷으로부터 새끼를 지키기 위해 무리를 이루어 공동으로 자식을 기른다. 말하자면, 새끼를 해치러 온 수컷에 공동으로 맞섬으로써 수컷의 공격을 막는 것이다.

생쥐의 한 종인 쥐목(설치류)의 암컷은 미리 손을 써서 수컷의 새끼 살해에 대비한다. 이들 종의 암컷은 체내에 임신 중인 태아의 부친이 아닌 다른 수컷의 냄새를 맡게 되면 임신 중의 태아를 재흡수한다. 남편이 아닌 다른 수컷의 냄새가 임신 중인 암컷으로 하여금 배아의 재흡수를 유발시키는 이런 현상을, 이른바 '브루스 효과'라고 한다. 브루스 효과는 암컷에게 적응적인 성질로 여겨진다. 왜냐하면 암컷이 남편이 아닌 다른 수컷의 냄새를 맡는 환경에 있다는 것은 다시 말해 남편의 영역권에 다른 수컷이 침입하여 남편을 내쫓았다는 것을 의미한다. 그렇다면 그 침입 수컷은 사자의 수컷과 마찬가지로 암컷 자신이 낳은 새끼를 물어 죽일 것으로 예상할 수 있다. 그래서 암컷은 시간과 에너지를 쏟아 부어 낳은 자식이 죽어나가는 것을 보느니 차라리 무익한 투자를 버리고 스스로 태아를 재흡수해버리는 길을 택하는 것이다. 그리고 곧이어 시작될 새로운 수컷과의 생식에 맞추어 미리 손을 써서 대처한다고 알려졌다. 마찬가지 이유에서 야생 당나귀 중 임신한 암컷은 새로운 수컷과 교미하면 전남편과의 사이에서 얻은 태아를 유산하는 것으로 밝혀졌다.

수컷에 의한 새끼 살해를 피할 목적으로 여러 마리의 수컷과 교미하는 예도 설치류나 다른 동물에게서 관찰되고 있다. 즉, 암컷이 여러 마리의 수컷과 교미하면 그 수컷들마다 자기 자식이 살해당할 위험이 생

겨난다. 그와 같은 피해를 막기 위해 수컷들은 각자 새끼 살해를 삼가는데, 이것은 온전히 암컷의 계략이다.

새끼를 지키기 위해서는 계략도 서슴지 않는다

회색랑구르나 물밭쥐의 암컷은 가짜 발정으로 수컷을 속여 교미를 하는데, 그렇게 해서 임신되는 일은 없다. 암컷은 아무래도 수컷에 의한 새끼 살해를 피하기 위해 이렇듯 겉으로만 그럴싸한 교미를 하는 듯싶다.

그런데 이러한 암컷의 대항책에 맞서 어느 종의 수컷 쥐는 자신의 새끼가 살해되는 것을 피하면서 다른 수컷의 새끼를 죽이기 위한 특별한 생리적 구조를 발달시킨다. 이를테면 교미한 이후 3주 동안 즉, 자신의 자식이 태어날 리 없는 3주간은 수컷의 공격성이 높아져 새끼 살해를 저지르기도 한다. 그러나 자기 자식이 태어나고 보살펴 주어야 할 다음 한 달가량은 공격성이 완전히 가라앉으면서 자식 양육 행동이 나타난다. 그러다 자식이 독립하여 보금자리를 떠남으로써 자기 자식이 죽을 위험이 사라지는 50일 이후부터는 재차 공격적이 되어 새끼가 눈에 띄는 대로 살해한다. 요컨대 이 종의 수컷은 교미를 기점으로 하여 생리적으로 일정 기간 동안 공격성이 강해지기도 하고 약해지기도 한다는 것이다.

지금까지 소개한 바와 같이 동물의 수컷과 암컷은 각자의 번식 성적을 최대한으로 올리기 위해 다양한 방법을 구사하여 생식에 임한다. 그리고 그 결과로 알이나 새끼를 낳는다. 자식을 양육하는 동물은 이후 중노동에 돌입한다. 자식 양육이란 넓은 의미에서는 부화 전의 알을 따뜻하게 보호하는 행동까지 포함하지만 여기에서는 알에서 부화한 새끼 및 부모의 몸에서 태어난 새끼를 보호하는 것, 그러한 새끼에게 먹이를 주고 보살피는 행동을 자식 양육이라고 보았다.

이런 의미에서 자식을 양육하는 동물은 대개 포유류와 조류로 한정된다. 앞으로는 주로 포유류와 조류의 자식 양육을 중심으로 이야기를 진행해 나가겠으며 다른 동물의 자식 양육에 대해서는 필요에 따라 언급하도록 하겠다.

제3장

·

자식을 키우고
보호하는
특별한 지혜

조류와 포유류의
자식 양육법은 다르다

자식을 보호하기 위해 부모는

포식자와 맞선다

　　　　　조류와 포유류의 부모는 포식자로부터 자식을 보호하기 위해 여러 가지 방위(防衛) 행동을 발휘한다. 예를 들어 딱새의 수컷과 암컷은 새끼를 노리는 올빼미를 향해 요란한 소리를 내며 공격을 한다. 이 공격은 올빼미에게 붙잡힐 만큼 위험한 공격이 아니라 시끄럽게 소란을 피워 포식자를 쫓아버리는, 이른바 '의공(擬攻)'으로 불리는 방위 행동이다. 같은 방법으로 새끼를 보호하는 동물은 붉은부리갈매기, 붉은어깨검정새, 푸른머리되새 등이 있다.

　톰슨가젤의 부모는 틈만 나면 새끼를 잡아먹으려 드는 치타나 리카온 같은 포식자에 대한 경계를 게을리하지 않는다. 만약 이들 포식자가 새끼를 급습할 기미가 보이면 용감하게 이들 포식자와 맞서 새끼를 보호한다. 포식자가 새끼에게 덤벼들면 뿔을 쳐들어 쫓아버리기도 한다. 태어날 때부터 몸집이 큰 기린의 새끼도 하이에나와 같은 육식동물에게는 무력하기 짝이 없어서 어미는 새끼를 보호하는 데 많은 시간과 에너지를 할애해야 한다.

포식자로부터 자식을 보호하는 사정은 육식동물인 자칼이나 리카온의 경우도 다를 바 없다. 이들 동물의 부모는 새끼를 노리는 하이에나 따위의 포식자가 나타나면 요란하게 짖고 쫓아다니며 내친다. 사자라 할지라도 자기 자식을 지키는 데는 철저히 신경을 곤두세운다. 어미 사자는 새끼를 숨겨둔 보금자리가 위험하다는 것이 감지되면 새끼를 물고 다른 안전한 장소로 이동한다.

이렇듯 자식을 양육하는 가운데 자식을 방위해야 하는 부모의 부담은 상당한 것이다. 필자는 일찍이 집 베란다 아래에 정착하여 새끼를 양육하고 있던 떠돌이 고양이한테서 이것을 경험했다. 그 어미 고양이를 쫓아내기 위해 큰 소리로 위협했지만 꿈쩍하는 기색조차 보이지 않았다. 겁을 내기는커녕 새끼 고양이를 품에 끌어안은 채 날카로운 눈빛으로 필자를 노려보았다.

대나무 빗자루를 이용하여 어미 고양이를 치워버리려 했으나, 어미 고양이는 그래도 여전히 겁을 내거나 달아나려 하지 않고 똑바로 응시한 채 나지막이 그르릉 소리를 내며 오히려 도전하려는 기색마저 보였다. 결국, 그날 퇴거당한 쪽은 이쪽이었다.

자식을 위한 먹잇감이 되기도 한다

조류는 대부분의 종이 새끼에게 먹이를 주어 기른다. 자식에게 먹이를 주는 행위는 부모가 해야 할 가장 과혹한 일 중 한 가지이다. 대개의 조류는 부모가 자식에게 먹일 먹이를 구하느라 항상 많이 분주하다. 예를 들어, 제비는 공중을 날아다니며 작은 곤충을 잡아 그것을 둥지로 가져와서 새끼에게 먹이는데 그 빈도는 무려 2~3분에 한 번 꼴이다. 아마도 제비의 부모는 할 수 있는 한 잦은 빈도로 먹이를 운반하는 듯싶다. 물론 새끼가 자라서 섭식량이 많아지면 부모는 새끼의 식욕을 채우기 위해 좀 더 큰 먹이를 구해다 주어야 한다. 이리하여 부모는 새끼가 독립하여 둥지를 떠날 때까지 약 21일간 몸 바쳐 새끼에게 먹이를 공급한다.

제비처럼 다른 종의 동물을 잡아 자식에게 먹이는 새는 어떤 부모든 고생이 많아 보인다. 특히 대형의 독수리·매류는, 쥐나 뱀 혹은 다른 종의 새 등 먹이가 될 만한 동물을 항상 안정적으로 구할 수 있는 것이 아니므로 새끼를 위한 먹이 확보가 간단하지 않다. 때문에 먹잇감이 되는 동물이 충분하지 않을 때면 종종 먹이 부족으로 인해 자식을 잃고 만다.

일반적으로 조류의 부모는 다른 생물을 먹이로써 자식에게 주는데 비둘기는 예외이다. 비둘기는 암수 모두 포란(抱卵) 중에, 그 주머니의 내벽이 서서히 부어올라 두꺼워진다. 이렇게 두꺼워진 내벽은 얼마 안가 벗겨져 떨어지고 체액 및 수분과 섞인 우윳빛 액체가 된다. 바로 이것이 '피전 밀크(Pigeon Milk)'로 불리는, 비둘기 새끼의 먹이이다. 새끼

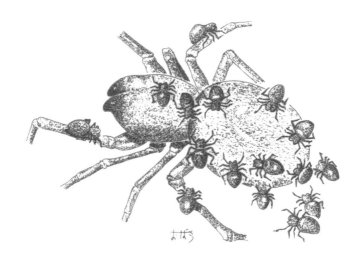

비둘기는 부모 비둘기의 목 안까지 부리를 들이밀고 이 피전 밀크를 빨아 마신다. 새끼가 좀 더 자라면 부모는 미리 섭취한 먹이를 모이 주머니 안에서 부드럽게 반소화시킨 후 그것을 도로 토해내어 새끼에게 먹인다.

포유류의 새끼들은 적어도 젖을 뗄 때까지는 어미가 공급하는 우유를 먹이로 삼는다. 유즙(乳汁)은 유방(乳房) 안에 있는 유선(乳腺)에 의해 만들어지고 분비된다. 유즙을 새끼에게 먹여 기르는 방법은 포유류 특유의 독특한 자식 양육 방법이다. 유즙은 수분을 많이 함유하고 있으며 그 밖에 단백질, 지방, 탄수화물, 비타민, 무기질 등 새끼의 성장에 필요한 영양분을 모두 함유하고 있다. 단, 유즙은 동물에 따라 다르다. 또한 수유기에 따라서도 성분비가 다르며 새끼의 성장과 함께 초유(初乳), 상유(常乳), 말기유(末期乳)로 변화한다.

이렇듯 자기 몸의 영양분을 자식에게 나누어주어 양육하는 것은 부모의 헌신적인 자식 양육의 전형이다. 그런데 동물계에는 이보다 더 헌신적인, '애어리염낭거미'라는 거미가 있다. 이 거미의 새끼가 두 번째 탈피를 마치면 1mm 정도의 크기가 되는데 차마 눈뜨고 보지 못할 '사건'이 일어나는 것은 바로 그 이후이다. 놀랍게도 새끼 거미들이 어미 거미의 다리, 배를 가리지 않고 여기저기 달라붙어서 어미를 뜯어먹기 시작하는 것이다. 더욱 놀라운 일은 어미 거미는 이것에 저항하기는커녕 누군가 새끼 거미의 '식사'를 방해하려들면, 격렬하게 물고 늘어져 반격하는 형편이다. 끔찍하기 짝이 없는 '모성애'라고 할 수 있다. 이리하여 이튿날이면 어미 거미는 머리와 가슴의 일부만을 남긴 채 새끼 거미의 뱃속으로 들어가 버린다.

부모는 자식을 돌보면서 교육도 시킨다

태어난 자식을 보호하고 먹이는 일은 부모에게 큰 부담이 된다. 그러나 포유류의 부모가 져야 할 부담은 이것이 전부가 아니다. 포유류의 새끼는 출산 직후 양수(羊水)에 젖어있는데 어미는 이 양수를 핥아서 제거해야 한다. 이것은 새끼의 몸을 깨끗하게 만드는 동시에 양수로 인해 새끼의 체온이 떨어지는 것을 방지하는 데 있어서 무척 중요한 일이다. 또한 어미가 새끼의 몸을 핥는 동안 탯줄을 잘라내는 것도 새끼가 자유롭게 움직이는 데 중요한 행위이다.

생쥐 따위의 쥐류, 햄스터, 고양이, 개, 토끼 등 많은 포유류의 어미는 보금자리 안에서 새끼를 끌어안아 보온한다. 특히 갓 태어난 새끼는 출산 후 며칠간은 체모(體毛)가 없기 때문에 어미의 보온 행동이 없으면 체온이 떨어지고 발육이 늦어진다. 경우에 따라서는 사망할 위험도 있으므로 어미의 보온 행동은 무척 중요하다. 특히 갓 태어난 새끼가 보금자리를 이탈했을 경우 어미는 새끼를 신속하게 보금자리로 다시 데려다 놓아야 한다.

이들 동물의 어미가 하는 또 한 가지 일은 새끼의 배설을 돕는 것이다. 갓 태어난 새끼는 아직 자력으로 배설하지 못하기 때문에 어미는 새끼의 배설구 부위를 핥아 자극을 줌으로써 배설을 도와야 한다.

새끼가 조금 자라면 부모는 새끼의 놀이 상대가 되어주거나 새끼의 몸을 핥아서 청결을 유지하는 등의 부모 행동을 한다. 원숭이를 비롯한 영장류는 대부분의 종(種)이 집단을 형성하고 장소를 옮겨가면서 먹이를 섭취하는데 이때도 어미는 새끼를 안전하게 운반하기 위해 신경 써야 한다. 또한 휴식 중에도 자신의 새끼에게 관심을 가지고 접근하는 다른 어린 원숭이에게 주의를 기울여야 한다. 특히 젊은 암컷 원숭이는 요주의 대상이다. 이러한 젊은 암컷 원숭이는 대개 어린 새끼 원숭이를 데리고 나가 놀고 싶어 하는데 잘 놀다가도 싫증나면 무책임하게 새끼를 내팽개쳐 버리곤 한다. 그뿐 아니라 다리를 잡아 질질 끌고 다니는 등 새끼 원숭이를 다루는 데 서툴러서 새끼의 안전을 해칠 수도 있다.

새끼가 좀 더 성장하면 어미 원숭이는 털 손질을 비롯하여 사회적 서열이 높거나 낮은 원숭이를 대하는 법 등 원숭이 사회에서 생활해 나가는 데 필요한 사회 행동을 가르친다. 그뿐만 아니라 그룹 밖의 개체가 공격해 올 경우 새끼를 보호하는 일도 해야 한다. 이러한 사회적 스트레스는 새끼의 성장에 중요한 영향을 준다. 붉은털원숭이의 경우 서열이 낮은 원숭이 새끼의 사망률은 서열이 높은 원숭이의 새끼보다 4배가량 높다. 그 주요 원인은 서열이 높은 원숭이에게서 받는 사회적인 스트레스인 것으로 파악된다.

침팬지의 어미는 새끼에게 위험한 포식자나 먹으면 안 되는 것 등 생활에 필요한 것을 가르친다. 또한 어미의 행동은 간접적으로 어린 침팬지의 학습 교재로 이용된다. 어린 침팬지는 어미가 풀줄기나 나무의 잔가지를 교묘하게 가공하여 '낚싯대'를 만들고 그것을 흰개미 소굴에 집어넣어 개미를 낚아 올려 먹는 모습을 두 눈을 크게 뜨고 흥미진진하게 응시한다. 그리고 어미의 그 모습을 흉내 내어 낚싯대를 만들고 흰개미 낚시를 습득한다. 단단한 야자열매를 돌로 쳐서 깨뜨리는 일도, 어미의 행동을 주의 깊게 관찰하여 흉내 냄으로써 습득한다.

부모의 양육법에 따라
생존율이 달라진다

자식에 대한 부모의 보호 행동이 포식자로부터 자식을 방위하는 데 큰 효과를 발휘하고 결국 자식의 생존율 향상으로 이어진다는 것은 대개의 조류나 포유류를 통해 실증되고 있다. 또한 부모의 보호 행동은 포식자뿐 아니라 동종의 멤버가 가하는 공격에 대해서도 커다란 방위 효과를 발휘한다. 벨벳원숭이를 연구한 결과 무리

중에 어미가 없으면 어린 원숭이에 대한 공격 빈도가 높아진다. 어린 원숭이가 딸인 경우 모친이 없으면 성장을 해도 임신율이 낮아진다. 자식을 낳는다 해도 길러내는 자식의 수는 모친이 있는 경우의 절반에도 못 미친다.

자식을 위한 부모의 먹이 공급 행동은 말할 것도 없이 그 효과가 뚜렷하다. 예를 들어 어미로부터 충분하게 모유를 공급받고 자란 붉은사슴의 새끼 암컷은 크게 성장한다. 그리고 장차 큰 자식을 출산한다. 큰 암컷에게서 태어난 새끼 붉은사슴은 그 대부분이 태어나서 처음 맞이하는 혹독한 겨울을 이겨낸다. 반대로 모유를 충분히 먹지 못하고 자란 암컷은 작게 성장하여 역시 작고 가벼운 자식을 낳는다. 이렇게 작게 태어난 자식은 설령 겨울에 살아남았다 해도 장차 체중이 가벼운 자식을 낳고 그러한 자식은 사망할 확률도 높다. 양자의 사망률 차이는 무려 3배가 넘는다.

붉은사슴의 자식이 수컷일 경우 몸의 크기는 번식 성적에도 영향을 끼친다. 붉은사슴의 수컷들은 번식기가 되면 암컷을 둘러싸고 격렬하게 싸움을 벌이는데 몸집이 큰 수컷은 이 싸움에서 높은 승률을 거둘 수 있다. 그것은 다시 말해 일부다처를 실현시키고 많은 암컷과 교미할 수 있다는 것을 의미한다. 당연한 말이지만 위의 수컷은 짝짓기에서 밀려난 수컷은 말할 것도 없고 일부일처로 번식하는 수컷보다 많은 자식을 남길 수 있다. 즉, 성장기에 영양 섭취를 잘하느냐 못하느냐에 따라서도 다음 대에 남길 자손의 수가 달라지는 것이다.

이와 같이 일반적으로 부모가 자식을 제대로 보호하고 충분히 먹이를 주어 기르면 자연히 자식의 생존율은 높아지고 번식에도 좋은 결과를 남긴다. 요컨대 동물의 부모는 효과적인 부모 행동을 이행함으로써 그렇지 않은 경우보다 더 많은 자식을 길러낼 수 있는 것이다.

부모에게
자식이란 무엇인가

자신의 유전자를 자식에게 복제한다

　　　　　　이렇듯 자식의 입장에서는 편안함 투성이인 부모 행동이 그것을 이행하는 부모에게는 어떤 의미가 있을까? 언뜻 보기에 부모는 고생만 하고 아무 득도 없는 것 같지만 사실 그렇지는 않는다. 생식은 수컷 또는 암컷이 자신의 자식을 생산하는 일이다. 좀 더 정확하게 말하면 그것은 자신의 유전자를 복제하는 일이다. 수컷과 암컷은 이 일을 혼자서는 이룰 수 없다. 그래서 서로 상대를 생식 자원으로 이용하여 자식을 얻고 그 자식 안에 자신의 유전자를 복제하는 것이다.

　생식의 진짜 목적이 자신의 유전자 복제라는 것을 알고 나면 부모의 자식에 대한 헌신적인 보살핌이 결국 부모 자신을 위한 일임을 알 수 있다. 즉, 부모가 생식을 통해 복제한 자신의 유전자는 자식 안에 있고 그런 자식이 좀 더 많이 살아남는 것이 곧 자신의 유전자가 많이 살아남는 일이기 때문이다. 부모는 자기 자신의 유전자가 증식되고 살아남기를 바라는 마음에서 일견 자식을 위한 것으로 보이는 부모 행동을 한다. 결국 부모 행동의 진정한 수익자는 부모 자신인 것이다.

번식 성공도란 무엇인가

이와 같이 동물이 번식을 통해 생식 가능한 연령까지 길러낸 자식의 수를 행동생태학에서는 '번식 성공도'라고 칭한다. 보통 부모 행동을 하면 그것을 하지 않는 경우에 비해 길러낼 수 있는 자식의 수가 늘어난다. 말하자면 번식 성공도가 높아지는 것이다.

이 번식 성공도의 증가분, 즉 '부모 행동을 한 경우의 번식 성공도−부모 행동을 하지 않은 경우의 번식 성공도'가 부모 행동의 효과가 된다. 이 효과를 행동생태학에서는 '이득' 또는 '이익'으로 부른다. 동물은 부모 행동을 함으로써 '○○의 이득을 획득했다'라는 식으로 표현한다. 또한 동물이 일생 동안 얻은 번식 성공도를 '생애 번식 성공도'라고 부르는데 생물학에서는 이것을 '적응도(適應度)'라고 부른다. 이들 언어는 앞으로도 자주 인용될 것이므로 소개해둔다.

그런데 앞서 소개한 번식 성공도란 말이 어감상 적절하지 않다고 필자는 생각한다. 성공이라는 말은 성공이냐 실패냐, 즉 모 아니면 도라는 것을 의미하는 말이기 때문에 길러낸 자식의 수처럼 연속적으로 변화하는 수량을 표현하는 말로써 사용하기에는 무리가 있다. 그래서 일

반적으로 성공 뒤에 '도(度)'를 덧붙여서 그 부족한 부분을 보충하려는 것인데, 이 합성어는 다소 적절치 않다고 여겨진다. 그래서 여기에서는 번식 성공도를 대신하여 '번식 성적'이라는 용어를 사용할 것을 밝혀둔다.

자식 양육은
부모의 굴레이자 의무다

지금까지 설명한 바와 같이 부모 행동은 자식의 생존율 향상을 통해 부모 자신의 번식 성적을 높여준다. 그리고 부모 행동이 모두 부모에게 이익을 가져다주는 좋은 행동이라면 틀림없이 어떤 동물의 부모든 자식을 양육하게 될 것이다. 우선, 배추흰나비처럼 일단 알을 낳으면 그다음은 내 알 바 아니라는 양 내버려두는 동물은 드물지 않을까 싶다. 그렇다면 과연 실태는 어떠할까?

자식을 양육하지 않는 동물도 있다

현재 지구상에 서식하고 있는 동물은 약 130만 종에 이를 것으로 추정된다. 이들 동물은 등뼈를 지닌 척추동물이 속하는 척삭동물, 곤충이나 거미를 포함한 절지동물, 오징어나 문어를 포함한 연체동물 등 약 34개 그룹으로 분류된다. 자식을 양육하는 동물은 이러한 여러 동물문에서 어렵지 않게 볼 수 있다. 그러나 자신들이 낳은 알이나 새끼에 대한 부모 행동, 즉 협의의 자식 양육을 행하는 동물을 어느 정도 이상 포함하고 있는 동물문은 의외로 적어서 절지동물과 척추동물 두 가지 동물문뿐이라고 봐도 좋을 것이다.

더욱 자세히 살펴보면 절지동물 중에서 자식을 양육하는 동물을 비교적 많이 포함하고 있는 것은 곤충 그룹(강, 綱)이다. 한편 척추동물은 여기에 포함되는 어류, 양서류, 파충류, 조류, 포유류 등 5개 그룹 모두에 자식을 양육하는 종이 포함되어 있다. 그러나 본격적으로 자식을 양육하는 것은 조류와 포유류이다. 어류나 양서류에도 자식을 양육하는 종이 다소 보이지만 그것은 일부에 불과하다. 더구나 그 자식 양육 행동은 대부분 알이나 새끼를 보호하는 것일 뿐 이에 더하여 먹이를 주는 동물은 무척 소수이다.

이상과 같이 살펴볼 때, 부모가 자식을 보호하고 먹이를 주어 양육하며 일정 기간 자식과 함께 생활하는 동물은 조류와 포유류뿐이라고 해도 틀린 말이 아닐 것이다. 그리고 이 두 개 그룹은 모두 합쳐도 전체 동물의 1% 이하이다. 앞서 말한, 자식을 양육하는 어류, 양서류, 파충류, 곤충류의 종을 합해도 그 비율은 2~3% 정도라고 본다. 이 점으로 미루어 자식을 양육하는 동물이 얼마만큼 소수파인지 짐작할 수 있을 것이다..

그렇다면 어째서 동물은 일반적으로 자식을 양육하지 않는 것일까?

자식 양육이 자식의 생존율을 높이는 유익한 행동임을 생각하면 이것은 좀 이상한 일이다. 그 의문에 다가서기 위해 지금까지와는 반대의 입장에서 부모 행동이 부모에게 뭔가 불이익을 가져다주는 것은 아닌지, 그 점에 대해 살펴보겠다.

자식 양육은 헌신적인 중노동이다

　　　　　　　자식을 길러본 경험이 있는 사람이라면 거의 공감하겠지만 사실 자식 양육은 부모에게 커다란 부담을 안겨준다. 예를 들어, 인간의 신생아는 한밤중에도 몇 차례나 배가 고프다고 보채며 울어댄다. 기저귀가 젖으면 젖었다고 더 큰 소리로 울기 시작한다. 기분이 언짢으면 이유도 없이 칭얼대거나 밤에 잠을 안 자고 울어서 부모를 곤혹스럽게 만든다. 부모는 졸린 눈을 비비며 아이에게 젖을 물리고, 기저귀를 갈아주고, 달래야 한다. 그 때문에 자식을 양육 중인 부모는 밤에도 마음 놓고 잠을 잘 수가 없다. 하루하루 만성 수면 부족에 시달려 아이에게 젖을 먹이는 동안에도 꾸벅꾸벅 졸기 일쑤이다.

부모가 자식을 기르는 수고는 자식이 성장함에 따라 내용이 달라질 뿐 끝이란 것은 없다. 아이의 왕성한 식욕을 채우는 일도 쉽지는 않지만 아이가 식욕이 없으면 없는 대로 또 걱정이 된다. 건강하게 움직이며 돌아다닐 때는 혹시 뜨거운 물주전자라도 엎어서 화상을 입지는 않을까 염려되고 반대로 너무 얌전하게 있으면 어디가 아픈 것은 아닐까 걱정된다. 기침이나 재채기 또는 몸에 열이 나면 무슨 병이라도 걸렸나 싶어서 마음이 조마조마하다. 어린아이를 안고 병원에 다니는 것도 쉬운 일이 아니다. 자식을 양육 중인 부모는 아이를 보호하고 건강에 신경 쓰느라 잠시라도 마음 편할 날이 없다.

이와 같이 자식은 만족할 줄 모르고 부모에게 끊임없이 요구하며 부모는 이것을 거절할 수 없다. 거의 폭군에 가까운 자식의 충직한 하인이 되어 전력으로 그 요구를 채우기 위해 노력한다. 모든 생활이 자식을 중심으로 이루어지며 자식이 최우선이 된다.

이렇듯 부모로서는 과혹하다고 말할 수 있는 자식 양육의 노동이 사실 인간에게만 한정된 것은 아니다. 자식을 양육하는 동물이라면 많든 적든 자식을 돌보느라 야단법석이다. 제비의 부모는 식욕 왕성한 새끼를 위해 2~3분마다 한 번씩 먹이를 날라야 한다고 앞서 설명한 바 있다. 부모 제비는 이처럼 몸 바쳐서 하루에 약 200개에 달하는 먹이를 새끼에게 가져다준다. 그 덕분에 부화 직후에는 1.5g에 불과하던 새끼의 체중이, 보름 후에는 22~23g으로 급증한다. 무려 12배 이상 체중이 불어나는 셈이다.

박새의 부모도 이른 아침부터 저녁까지 새끼를 먹이기 위해 바쁘게 날아다닌다. 연구에 의하면 박새의 부모는 평균 잡아 약 40초에 한 번 꼴로 새끼에게 먹이를 가져다준다고 한다. 이렇게 해서 박새의 부모가 새끼에게 주는 벌레의 수는 하루에 무려 천 마리나 된다고 한다. 만약 새끼에게 줄 먹이가 충분치 않으면 당연히 새끼는 제대로 성장하지 못하고 생존율 또한 낮아진다. 예를 들어, 먹이를 충분히 먹고 둥지를 떠날 때의 몸무게가 22g으로까지 자란 녀석은 독립한 후 3개월이 지나면 약 40%가 살아남는다. 그에 비해 둥지를 떠날 때의 몸무게가 10여 g밖에 되지 않는 녀석은 같은 시기에 불과 몇 %밖에 살아남지 못한다. 따라서 부모는 되도록 충분한 양의 먹이를 자식에게 주어야 한다. 자식의 건강한 성장과 생존은 이와 같이 부모의 헌신적이고 희생적인 노력이 있을 때 비로소 이루어지는 법이다.

자식 양육 기간에는
먹지도 않는다

부모의 몸을 해치는 자식 양육

　　　　　이상과 같이 부모에게 가해지는 자식 양육의 부담
은 부모의 장래 번식 성적에 영향을 줄 수 있다. 실제로 많은 동물에게
서 자식 양육 행동이 훗날 부모의 번식에 무시할 수 없는 영향을 끼친
다는 것을 확인하였다.

　자식을 양육하는 수고는 우선 부모의 체력과 영양을 빼앗아 간다. 조
류의 부모는 먹이를 찾아다니고 또 그 먹이를 둥지 안의 새끼에게 가져
다주는 데 많은 에너지를 소비한다. 얼마 전 〈아사히신문〉 석간에 이즈
제도[伊豆諸島]의 미쿠라지마[御藏島]에서 번식하는 섬새의 부모가 자식
양육기에 미쿠라지마에서 홋카이도의 남해안 연안까지 먹이를 구하러
다닌다는 내용의 기사가 실렸다. 그 거리는 무려 1,000km에 이른다.

이 거리를 왕복하기 위해 그 섬새는 이틀 밤낮을 소비한다니 대단한 일이 아닐 수 없다.

포유류의 암컷은 새끼의 먹이를 찾아다니는 데 에너지를 쓰지는 않지만 그 대신 젖을 통해 많은 영양분을 새끼에게 쏟아붓기 때문에 역시 에너지 소비가 큰 부담이 된다. 예를 들면, 자식은 성장을 위해 단백질이나 지질, 당질 따위의 영양을 필요로 하는데 이러한 영양은 물론 모친의 몸에서 빠져나오는 것이다. 모친에게 가해지는 이와 같은 부담은 모친의 간장이며 신장을 붓게 만들 수도 있다.

포유류의 자식은 뼈의 성장에 칼슘과 마그네슘 따위의 미네랄이 필요하다. 이러한 영양분 역시 모두 모친에게서 빠져나온다. 모친은 지방이며 뼛속에 저장해 두었던 이들 미네랄을 필요한 때에 필요한 만큼 끌어내어 자식에게 준다. 붉은사슴처럼 새끼의 성장이 빠른 대형의 유제류(有蹄類)는 새끼에게 필요한 양의 미네랄을 지속적으로 공급하는 것이 어미에게는 커다란 부담이 된다. 이것은 인간에게도 마찬가지이다. 인간의 경우 자식을 모유로 기른 모친은 그렇지 않은 사람에 비해 골다공증 발병률이 압도적으로 높다는 것이 확인되었다.

자식 양육 행동이 부모 자신의 먹이 섭취 행동에 끼치는 영향도 무시할 수 없다. 예를 들어, 구내 보육(口內保育), 즉 입안에서 치어를 기르는 물고기는 대개 자식 양육 기간에는 먹이를 섭취할 수가 없다. 따라서 이와 같이 구내 보육을 하는 물고기의 경우 그렇지 않은 경우와 비교하여 암컷의 성장 속도가 늦어진다. 성장이 늦어지면 암컷이 생산하는 알의 숫자가 감소한다. 특히 암컷의 몸 크기가 산란 수와 밀접한 관련이 있는 종은 성장의 지연이 곧 암컷의 번식 성적 저하로 이어지기 때문에 큰 타격이 된다.

여하튼 부모 행동은 부모의 영양분과 체력을 빼앗아 감으로써 훗날 부모의 생식에 악영향을 끼치고, 궁극적으로 부모의 생애 번식 성적 또는 적응도에 마이너스로 작용한다.

모성애가 깊으면 번식 횟수에 영향을 미친다

자식 양육 행동에는 일정한 시간이 걸리며, 이것은 결국 다른 행동을 하기 위한 시간을 잡아먹는다. 시간은 동물에게도 무제한으로 주어지는 것이 아니다. 동물 역시 한정된 시간 내에 먹이를 찾아다니고, 신변의 안전을 확보하기 위해 그늘진 곳으로 몸을 숨기는 등 필요한 여러 가지 활동을 해야 한다. 특히 암컷의 입장에서는 자식 양육이 암컷 자신의 먹이 획득을 방해하는 것이기에 더욱 난감하다. 그도 그럴 것이 암컷이 다음 번식을 하기 위해서는 크고 영양이 풍부한 알을 재생산해야 하는데 그러려면 일반적으로 상당한 시간과 영양 축적이 필요하다. 그런데 자식 양육에 매여 있다 보면 암컷 스스로 먹이를 섭취할 시간이 부족해지고 다음 번식에 필요한 알을 준비할 수 없다. 그 결과 다음 번식의 개시가 늦어지고 자연히 암컷의 생애 번식 횟수가 감소한다. 이것은 다시 말해 암컷의 적응도가 감소하는 것을 의미한다.

자식 양육에 얽매인다는 것은 수컷에게도 중대한 문제가 아닐 수 없다. 수컷은 보통 자식 양육만 아니면 암컷보다도 훨씬 빨리 다음 번식이 가능하다. 왜냐하면 수컷이 생식에 사용하는 정자는 알에 비해 극히 작기 때문이다. 수컷은 암컷보다 훨씬 적은 영양분을 가지고 훨씬 빠른 시간 내에 막대한 수의 정자를 재생산할 수 있다. 그래서 수컷은 대개 암컷만 손에 넣으면 쉽게 다음 번식에 들어간다.

하지만 자식 양육에 매여 있으면 암컷을 찾아다니거나 생식할 시간을 얻지 못하게 된다. 그에 따라 수컷은 잠재적으로 지니고 있는 높은 번식 능력을 발휘할 수 없게 되어 결국 보물을 가지고도 썩히는 꼴이 된다. 그로 인해 번식 기간 중의 번식 횟수가 감소하고 최종적으로는 생애 적응도가 낮아진다.

이것은 갈리라에우스라는 물고기의 사례에서 잘 드러난다. 이 물고기는 암수 중 한쪽이 구내 보육을 한다. 수컷이 구내 보육을 할 경우 수컷이 다음 번식을 개시할 때까지는 약 12일이 걸린다. 암컷의 경우는 좀 더 길어서 약 24일이 걸린다. 그래서 구내 보육 중인 수컷 또는 암컷으로부터 치어를 빼내어 부모를 자식 양육 부담에서 해방시킨 실험을 한 결과, 다음 번식 개시 때까지의 날짜가 수컷은 7일, 암컷은 놀랍게도 절반이 안 되는 11일로 단축되었다. 이것은 자식 양육 여부에 따라 생애 번식 횟수가 다르다는 것, 즉 생애의 번식 성적 또는 적응도가 영향을 받는다는 것을 의미한다.

그뿐만 아니라 자식 양육은 암수 모두에게 수명 단축이라는 악영향을 미친다. 붉은사슴의 암컷은 그중 한 예이다. 자식에게 수유를 마치고 젖을 뗀 어미의 수명은 생식에 실패한 암컷이나 초기에 자식을 잃은 암컷 등 수유를 하지 않았던 암컷의 수명에 비해 짧다는 것이 밝혀졌다.

아프리카의 노란개코원숭이도 같은 문제를 안고 있다. 이 원숭이는 건기(乾期)가 되면 자신의 먹이를 얻기 위해 하루의 80%나 되는 시간을 소비한다. 그러나 새끼에게 젖을 주어야 하는 어미는 먹이를 구하는 데 더욱 많은 시간이 걸리며 새끼를 위한 영양분도 준비해야 한다. 그런데 이 활동은 새끼가 방해되어 생각처럼 잘되질 않는다. 그러다 보니 자연히 건강 상태가 악화되어 병에 대한 저항력이 떨어질 위험에 처한다. 실제로 새끼가 있는 암컷은 그렇지 않은 암컷에 비해 바이러스성 전염병에 걸리기 쉬운 것으로 밝혀졌다. 또한 새끼가 있는 암컷은 그렇지 않은 암컷보다 사망률이 2배 높은 것으로 알려졌다. 그 원인은 아마도 과혹한 자식 양육이 건강 상태를 악화시킴으로써 바이러스성 전염병의 감염률이 높아진 결과라고 예측된다.

이와 같이 자식 양육은 부모의 생애 번식 횟수를 감소시키거나 수명을 단축시킴으로써 부모의 번식 기회 및 생애 번식 성적을 감소시킨다.

부모의 행동은
진화한다

적응도의 상대적인 차이가

적응 속도를 좌우한다

부모 행동은 한편으로 자식의 생존율과 성장 속도
를 향상시키고 부모의 번식 성적 향상, 즉 부모의 적응도를 높이는 효과
가 있다. 그러나 다른 한편으로는 여기서 기술한 바와 같이 부모의 다음
산란 수 또는 출산 수를 감소시키거나 번식 기회를 감소시키는 등 부모
의 생애 적응도를 낮추는 작용을 한다. 행동생태학에서는 이와 같이 적
응도에 대한 마이너스 효과 또는 영향을 '코스트(비용)'라고 부른다.

부모 행동이 부모의 적응도를 높여줌에도 불구하고 자식을 양육하는
동물이 예외라고 할 만큼 소수인 것은 이 비용상의 문제 때문이라고 예
측한다. 만약 부모 행동의 비용이 이득보다 크다면 부모의 적응도는 부

모 행동을 하지 않는 경우보다 줄어들게 된다. 부모는 부모 행동을 함으로써 오히려 손해를 보는 것이다. 반대로 비용에 비해 이득 쪽이 크다면 부모의 적응도는 증가하고 부모는 득을 본다. 이 점으로 미루어 동물이 부모 행동의 길을 선택하는 것은 부모 행동의 비용보다 큰 이득이 예상되었을 때라고 판단된다. 가령 부모 행동으로 인해 번식 성적이 어느 정도 향상되었다 해도 부모 행동의 비용이 그것을 웃돈다면 동물은 부모 행동을 하지 않을 것이다.

다만 부모 행동의 수지 결산이 플러스로 나온다 해도 즉각 그 동물의 부모 행동이 발달하는 것은 아니다. 자신은 일정 수의 자식을 남기는 데 성공했다 해도 그때 같은 세대를 살아온 동종의 동료가 자신의 적응도에 비해 어느 정도 높은 적응도를 얻었나에 따라서 자신의 운명이 결정되기 때문이다. 개체와 개체 간에 적응도의 차이가 발생하는 경우 거기에는 좀 더 높은 적응도를 가져오는 성질 혹은 그런 성질을 지닌 개체를 남기고 대신 낮은 적응도를 가져오는 성질이나 개체를 탈락시키는 선발 작용이 존재하기 때문이다.

적응도의 생물학적 의미는 절대치가 아니라 상대적인 가치에 기준을 두고 있다. 다시 말해, 유전적으로 다른 여러 가지 개체가 존재하는 가운데 어느 개체가 좀 더 많은 자식을 남기고 또 그 가계(家系)가 번영해 나갈 것인가는 그때 어느 가계의 개체가 어느 만큼의 자식을 남겼는가라는 상대적인 값에 의해 결정된다. 그렇다면 어째서 그렇게 되는 것일까?

동종(同種) 안에서도 치열하게 경쟁한다

동물이 생식하려면 이성 자원 외에 몇 가지 자원이 더 필요하다. 예를 들어, 자식의 먹이를 제공하는 자식 양육의 장(場)이나 영역권이라는 자원을 필요로 한다. 딱따구리처럼 나무에 구멍을 파서 둥지를 만드는 동물에게는 둥지를 만들 나무, 즉 장소라는 자원이 필요하다.

문제는 이 자원의 양이다. 살아가기 위한 먹이 자원과 마찬가지로 생식 자원도 그것을 이용하는 개체 수에 비해 상대적으로 부족하다. 왜냐하면 부모는 어떤 생물이든 다산(多産)을 하기 때문이다. 다시 말해 어떤 생물이든 부모는 반드시 자신들의 수, 즉 수컷과 암컷이라는 두 개체보다 많은 수의 자식을 낳는다는 것이다. 가장 소산(小産)하는 인간도 조건이 맞으면 한 쌍의 부부가 평생 12명 이상의 자식을 낳기도 한다. 따라서 이들 자식이 모두 살아남기 위해서는 부모가 이용한 자원의 6배가 필요하며 그 후의 손자 대에는 36배의 자원이 필요하다. 그러나 이것은 뭔가 생태학적인 돌발 사건이라도 일어나지 않는 한 불가능하다. 생물의 자원양은 대개 일정하다고 본다. 적어도 그 자원을 이용하는 생물의 수요를 채우기 위해 증가하는 것은 결코 아니다.

이런 까닭에 동물은 생물의 일원으로서 상대적으로 적은 자원을 둘러싸고 동종의 동료끼리 서로 경쟁할 수밖에 없다. 동종 간의 혹독한 경쟁을 피할 수가 없는 것이다. 이것은 동물을 포함한 모든 생물의 숙명이다. 이와 같은 경쟁 속에서 순조롭게 생식을 달성하려면 이성을 획득하는 데 능숙하고 자식에게 충분한 먹이를 제공할 영역권을 확보하는 일에 소홀하지 않은 성질을 갖춰야 한다. 그와 같은 개체만이 생식에 임하여 다음 대에 자손을 남길 수 있다. 요컨대 모든 동물이 동등하게 살아남아 동등하게 자식을 남길 권리를 보장받고 있는 것은 아니다.

선별 당하는 동물은 도태된다

이와 같이 동물은 생식을 하고 다음 대에 자식을 남기기에 앞서 과연 어느 개체가 그것을 허락받을 수 있을지 혹독한 선발 과정을 밟는다. 동물의 개체는 이 선발 작용의 압력을 헤쳐나가야 한다. 선발의 기준은 적응도이다. 생물학에서는 생존하여 생식할 개체를 가려 뽑는 이 선발 작용을 '도태(淘汰)'라고 부른다. 앞으로도 계속해서 살아나갈 것을 허용할 것이냐 말 것이냐에 대해 작용하는 것을 '자연 도태(自然淘汰)'라고 부른다. 또한 많은 자식을 남기기 위해 얼마만큼 순조롭게 생식 자원을 이용하는가에 대해 작용하는 도태는, '성 도태(性淘汰)' 또는 '자웅 도태(雌雄淘汰)'라고 부른다.

이런 연유로 자연은 여러 각각의 동물 가운데 좀 더 많은 자식을 남기는 데 있어서 뛰어난 개체를 가려 뽑고 그 유전적 성질을 이어받을 자식의 수를 늘리고 번영시킨다. 반대로 이 점에서 뒤처지는 개체에 대해서는, 그 수를 줄이는 방향을 지향한다. 조만간에 그런 성질의 개체를 그 동물종 가운데서 탈락시킴으로써 그 수를 줄이는 것이다. 따라서 이와 같은 도태 압력 아래에서는 오로지 좀 더 많은 자식을 남기기 위한 성질을 추구하고, 그것을 이뤄낸 개체만이 존속을 허락받을 수 있다. 얼마간의 자식을 남겼다 해도, 타 개체와 비교하여 그 수가 적은 개체의 가계가 어차피 사라질 수밖에 없는 이유는 여기에 있다.

그러므로 동물은 자신의 자식을 조금이라도 더 많이 남기는 일에 매진해야 한다. 자연이 부과한 성 도태를 헤쳐 나온 동물은 모두, 자신의 자손 수를 최대화하는 데 부심하여 성공해 온 동물이라고 생각된다. 긴 진화 과정을 거치는 동안 많은 자식을 남기는 것은 동물의 습성이 되어 정착하고, 결과적으로 동물의 생애 목적이 되었다.

부모 행동은 성장하고 진화한다

자식 양육이란 낳은 알이나 새끼를 부모가 시간과 에너지를 들여 돌보는 일이다. 이것은 '낳기만 하고 내버려두는 것'을 포함한 여타의 번식 방법과 마찬가지로 번식의 한 가지 방식이다. 그런데 이와 같은 '자식 양육 방식'의 번식 방법이 극히 소수의 동물에게서만 나타난다면, 다른 방법과 비교했을 때 이 방법이 그리 쉽게 적응도를 높이는 데 도움이 되지 않는다는 것을 시사한다. 즉, '자식 양육 방식'은 이득에 비해 비용이 꽤 크다는 것, 따라서 부모 행동의 수지 결산이 쉬사리 흑자가 되지 않는다는 의미로 이해할 수 있다.

그럼에도 불구하고 소수라고는 해도 조류와 포유류를 중심으로 자식을 양육하는 동물이 존재하는 것은, '자식 양육 방식'이 '낳기만 하고 내버려 두는 방식'보다 유리해질 만한 무언가의 행동생태학적인 사정이 있음에 틀림없다. 그래서 자식 양육 방식을 유전적인 성질로써 갖고 있는 개체는 낳기만 하고 내버려 두는 방식을 지닌 개체에 비해 좀 더 많은 자식을 남기고 조금씩 그 개체 수를 늘려왔음이 분명하다. 그리고 마침내 그 동물의 모든 개체가 자식 양육 방식을 채택하기에 이르렀을 것이다.

이와 같이 어떤 유전적 성질, 혹은 그 성질을 가진 개체의 비율이 세대가 경과함에 따라 변화하는 것을 생물학에서는 진화(進化)라고 부른다.

여담이지만 이 정의를 만족하지 못하는 현상은 설령 그것이 진화와 닮았다 해도 진화는 아니다. 예를 들어 일본에서도 매년 조금씩이나마 담배를 피우는 사람이 감소하고 비흡연자의 수가 증가하고 있는데 이 것은 담배를 피우는 유전적 성질을 가진 사람이 감소했기 때문이 아니라 단지 흡연 경험자가 여러 가지 이유에서 흡연을 그만둔 결과라고 볼 수 있다. 다시 말해 흡연 경험자의 유전적 성질이 달라진 것은 결코 아니라는 것이다. 그래서 담배를 피우지 않는 사람이 많아진 것은 진화라고 볼 수 없다. 물론 세간에서 흔히 말하는 야구 선수 이치로의 타격 진화나 자동차의 진화도 여기서 말하는 진화와는 전혀 상관이 없다. 그것은 단순히 진보 또는 개선이다.

원래 진화는 무언가의 진보적인 변화라고 오해하는 경향이 있지만 그것은 잘못이다. 퇴화는 진화가 아니라 그 반대라는 오해도 같은 이유에서 시작된 잘못이다. 고래는 그 옛날 육상에서 네 다리로 걸어 다니던 포유류였다고 하는데 지금은 그 무렵의 다리가 사라지고 없다. 이것은 종종 진화가 아닌 '퇴화'이며 진화에 역행하는 현상인 것처럼 이야기될 때가 있다. 그러나 그렇지는 않다. 고래는 전형적인 네 다리로 바닷

속을 헤엄치기보다 물의 저항을 받기 쉬운 뒷다리를 없애고 물갈퀴에 적합하지 않은 앞다리를 물고기의 가슴처럼 변형하는 것이 바닷속에서의 이동이나 행동에 훨씬 효과적인 까닭에 적응도를 높이고 그 발현의 빈도를 늘려 진화한 것이다.

　이와 같은 여담을 늘어놓는 이유는 진화라는 것이 이후의 전개와 크게 관련이 있기 때문이다. 진화라는 정의에 익숙해지는 동시에 그것을 올바로 이해해 주었으면 하는 바람 때문이다.

새들의 자식 양육 생활을 살펴보면 암수 모두 몸이 부서져라 헌신적으로 새끼를 보호하고 기르는 모습이 인상적이다. 그런 모습에서 자식 양육에 참여하는 부모가 모두 사이좋게 협력하여 자식을 기른다고 생각하기 쉽다. 그러나 그것은 너무 낙관적인 생각이다. 실은 동물의 자식 양육과 관련하여 그 일에 종사하는 수컷이나 암컷 혹은 새끼 사이에 복잡하고 미묘한 문제가 숨어 있다. 그 내면을 좀 더 자세히 소개해보겠다.

제4장

·

자식 양육을 둘러싼
가족의
이해와 대립

이성 간에도
이해 대립이 존재한다

미망인 암컷은 자식 양육에 불리하다

자식을 양육하는 동물의 세계에는 그 일을 담당하는 수컷과 암컷 사이에 미묘한 이해 대립이 존재한다. 그것은 자식 양육을 누가 얼마만큼 부담하느냐에 따라서 수컷과 암컷의 비용(코스트)의 크기가 달라지고 적응도의 크기가 달라지기 때문이다. 만약 수컷이 열심히 자식을 양육하기 때문에 암컷이 다소 소홀해도 자식의 생존율과 성장에 영향이 없다면 암컷으로서는 소홀히 하는 것이 이득이다. 암컷은 수컷의 열성적인 자식 양육 노력 덕분에 자식 양육에 드는 수고에서 조금이나마 해방되고 그런 만큼 장래의 번식에 대비할 수 있기 때문이다. 하지만 암컷보다 과하게 자식 양육의 수고를 떠맡게 된 수컷은 손해이다. 이때는 암컷의 이익이 수컷에게는 불이익이 되는 것이다. 따

라서 수컷과 암컷 사이에는 자식 양육을 둘러싼 이해 대립이 존재할 가
능성이 있다.

실제로 번식쌍의 어느 한쪽이 자식 양육에 소홀하거나 혹은 상대를
내버려 두고 떠나버린 경우 남겨진 쪽이 불이익을 당한다는 것은 이미
실험을 통해 밝혀졌다. 예를 들어 흰멧새의 번식쌍 가운데서 수컷을 꺼
낸 후 암컷 혼자 자식을 양육하도록 유도한 실험이 있었다. 이 새는 수
컷과 암컷이 협력하여 자식을 양육할 경우 한 쌍이 평균 4.5마리의 새
끼를 독립시킬 수 있다. 그런데 실험적으로 수컷을 빼냄에 따라 미망인
이 된 암컷은 그보다 훨씬 적은 2.7마리밖에 독립시키지 못했다. 여느
때 같으면 4.5마리의 새끼를 길러냈을 텐데 수컷의 협력이 없었기 때문
에 열심히 양육했음에도 불구하고 2.7마리밖에 길러내지 못한 것이다.
이와 같이 암컷은 남편을 잃으면 확실히 손해를 입는다.

수컷은 암컷을 버리고 득을 보기도 한다

자연의 동물계에서도 경우에 따라 수컷이 암컷을
버리는 일이 발생한다. 그중 한 예로서 개개비사촌이라는 휘파람샛과
의 작은 새가 있다. 이 새의 수컷은 강변의 갈대나 참억새 따위가 무성
한 장소에 영역권을 만든다. 수컷은 그 영역권내에 띠 따위의 볏과 식
물의 잎을 거미의 알주머니에서 얻은 실로 솜씨 좋게 엮어서 둥지를 만
든다. 그리고 둥지의 상공으로 날아올라 뿌우뿌우 하고 지저귀면서 암
컷을 유인한다. 이것이 주효하여 암컷이 '동의(同意)'하면 둘은 교미하고

암컷은 둥지에 알을 낳는다.

　문제는 그다음부터다. 개개비사촌의 수컷이 아버지로서 바지런히 자식 양육에 힘쓰는가 싶은데 사실은 그렇지가 않다. 알을 품어 보온하는 등 아버지로서 해야 할 역할을 포기하고 떠나버린다. 떠나간 수컷이 무엇을 하느냐면, 자신의 번식 성적을 높이기 위해 다음 암컷을 맞을 준비에 착수한다. 수컷은 재차 띠 따위의 잎을 이용하여 새로운 둥지를 만든다. 그리고 그것이 완성되면 다시 상공으로 날아올라 지저귀며 암컷을 유인한다.

　이렇게 해서 수컷은 연이어 새로운 암컷을 얻고자 노력한다. 연구에 의하면 수컷 개개비는 이런 식으로 해서 평균 6.5개의 둥지를 만든다는 것이 관찰되었다. 많게는 무려 18개나 되는 둥지를 만드는 수컷도 있다고 하니 대단한 호색가라 말할 수 있다. 다만 수컷이 만드는 둥지마다 모두 성공적으로 암컷을 맞아들일 수 있는 것은 아니다. 노력한 보람도 없이 암컷을 맞아들이지 못하고 애써 만든 둥지를 썩혀버리는 수컷도 있다. 물론 이러한 노력이 열매 맺어 대성공을 거둔 수컷도 있다. 연구에 의하면 가장 성공한 수컷은 무려 11마리의 암컷을 아내로 맞을 수 있었다고 한다. 이 수컷은 확실히 암컷에게 자식 양육을 떠맡김으로써 이익을 얻는다. 반면 암컷은 수컷의 협력을 얻지 못한 만큼 불이익을 당한다.

개개비사촌의 수컷이 어째서 이렇듯 생애의 전성기를 구가할 수 있을까? 그 이유는 풍부한 새끼의 먹이에 있는 듯싶다. 개개비사촌이 번식하는 강가의 모래밭 둥지에는 앞서 말했듯이 갈대나 억새 따위의 볏과 식물이 무성하다. 이러한 식물은 대형 곤충인 메뚜깃과 곤충이 무척 좋아한다. 그래서 이런 장소에는 큰 곤충이 다수 서식한다. 바로 이 대형곤충이 개개비사촌의 새끼에게 적합한 먹이가 된다.

그런 까닭에 풍부한 식량의 혜택을 누리는 개개비사촌의 암컷은 수컷에게 버려져 혼자가 된 후에도 그럭저럭 새끼의 허기진 배를 채워주고 길러낼 수 있다.

동성 간에도
이해 대립이 존재한다

암컷 간의 이해 대립은 치열하다

　　　　　　자식 양육을 둘러싼 이해 대립은 이성뿐 아니라 동성 간에도 존재한다. 이것을 상징적이고도 이해하기 쉽게 보여주는 예가 유럽참새이다.

　스페인에서 시행한 연구에 따르면 스페인의 유럽참새는 번식기가 되면 수컷이 암컷을 찾아 구애 활동을 시작한다. 모든 수컷은 조금이라도 더 많은 암컷을 유혹하여 일부다처를 이루고자 구애 활동에 힘을 기울인다. 그러나 암컷의 수는 대개 수컷과 동수이므로 바람대로 일부다처를 실현하는 수컷은 그리 많지 않다. 수컷들의 활발한 구애 경쟁의 결과, 그 조사지에서는 11%의 수컷이 일부다처를 실현할 수 있었지만, 그 대부분이 일부이처에 머물렀으며 그 이상의 아내를 얻은 수컷은 거의 없었다.

여기까지야 동물계에서는 흔한 이야기로 결코 드문 현상은 아니다. 문제는 그다음부터이다. 이와 같이 여러 마리가 한 남편을 공유하는 처지가 된 암컷은 남편의 자식 양육 협력을 독점할 수 없다. 일부이처를 이룬 유럽참새의 경우, 아내들은 남편한테서 받는 아버지로서의 자식 양육 서비스를 절반밖에 얻지 못한다. 자식 또한 아버지로부터 받을 수 있는 먹이의 절반밖에 섭취하지 못한다. 만약 남편이 아내 중 어느 한쪽의 편만 들 경우, 그 아내는 남편한테서 일부일처에 해당하는 지원을 얻을 수 있다. 그러나 내쳐진 아내 쪽도 가만히 당하고 있을 수는 없다. 자식 양육에 협력해야 할 남편이 자신이 낳은 자식을 돌보지 않는다면 미망인이나 별반 다를 게 없다. 이 점이 아내의 번식 성적에 나쁜 영향을 끼치고 적응도를 낮추리라는 것이 예상된다.

한편 일부이처를 이룬 유럽참새의 수컷은 두 마리의 암컷에게 어떤 식으로 대처할까?

결론을 말하면 수컷은 오로지 첫 번째 아내의 자식 양육을 돕고 두 번째 아내에게는 협력하지 않는다는 것이다. 여기서 첫 번째 아내란 새끼를 먼저 부화시킨 암컷을 말한다. 수컷은 이와 같이 먼저 부화한 새끼에게 바지런히 먹이를 가져다주고 양육한다. 완전히 기대가 어긋난 쪽은 두 번째 아내이다. 당연히 남편이 자기가 낳은 자식도 돌볼 것이라 생각했는데 웬걸, 그 남편은 자기 집에 발걸음도 하지 않는다. 혼자서 자식을 기를 처지가 되어버린 두 번째 아내는 궁지에 몰리고 만다.

그래서 좀 더 지켜본 결과, 두 번째 아내의 실로 극적이면서도 함축

성 풍부한 행동이 드러났다. 놀랍게도 두 번째 아내는 기회를 살핀 끝에 첫 번째 아내의 둥지에 침입하더니 그곳에 있는 경쟁자의 자식을 부리로 쪼아 죽이려 드는 것이었다. 이와 같이 두 번째 아내가 첫 번째 아내의 자식을 살해하는 사례가 다섯 개 둥지에서 관찰되었다. 그중 두 개 둥지에서는 새끼의 일부가 목숨을 잃고 일부가 살아남았다. 그리고 위 두 개의 둥지에서는 자식 양육에 특별한 변화는 보이지 않았다. 한편, 새끼를 모두 잃은 나머지 세 개 둥지에서는 자식 양육의 양상에 커다란 변화가 나타났다. 그때까지 두 번째 아내의 둥지에 발걸음을 하지 않던 수컷이 그곳을 찾아오고 새끼에게 먹이를 가져다주는 등 두 번째 아내의 자식 양육에 협력하기 시작한 것이다

위의 사례에서 밝혀졌듯 첫 번째 아내와 두 번째 아내의 이해(利害)는 남편의 자식 양육 지원을 둘러싸고 정면으로 대립한다. 새끼를 잃고 불

이익을 당하는 첫 번째 아내와 반대로 새끼 살해를 감행한 두 번째 아내는 이익을 얻는다.

두 번째 아내가 저지른 살해는
계략이다

위의 관찰 사례가 함축성이 풍부하다고 한 이유는 수컷의 태도 변화가 생태학적으로 깊은 의미를 지니고 있기 때문이다. 우선 지적할 수 있는 점은 두 번째 아내가 저지른 살해는 두 번째 아내가 그 의미를 알고 했든 모르고 했든 상관없이 두 번째 아내에게 커다란 이익을 가져다주었다는 사실이다. 알기 쉽게 말하면 두 번째 아내는 첫 번째 아내의 자식을 살해함으로써 간절히 바라던 남편의 자식 양육 지원을 자기 것으로 만들었다는 사실이다. 이로써 두 번째 아내는 확실하게 적응도를 높였을 것이다. 자연 도태 환경 아래서는 새끼를 살해한 암컷의 행동은 그 행동의 생태학적인 의의를 알든 모르든 간에 적응도를 높이는 행동으로써 진화한다.

또 한 가지 흥미로운 점은 첫 번째 아내와의 사이에서 얻은 자식을 잃은 수컷이 마땅히 미워해야 할 두 번째 아내를 왜 도왔을까라는 것이다. 인간의 감정으로 생각하면 도리에 어긋나는 일일 수도 있는 수컷의 이런 행동에 무언가 행동생태학적인 사정이 있는 것일까?

분명한 것은 이제 수컷에게 남겨진 자식은 오로지 두 번째 아내와의 사이에서 태어난 자식뿐이라는 점이다. 수컷은 이제 더 이상의 자식을 바랄 수 없다. 그러므로 수컷이 취해야 할 선택의 길은 이제 두 가지밖에 없다. 남은 두 번째 아내의 자식을 기르는 것, 아니면 그대로 방치한 채 자식 양육을 하지 않는 것.

과연 수컷은 어느 쪽을 선택하는 것이 이득일까? 해답은 분명하다. 만약 수컷이 두 번째 아내를 도와 함께 자식을 기른다면 남겨진 자식 모두 혹은 대부분을 길러낼 가능성이 커진다. 반대로 후자를 선택한다면 남겨진 자식은 먹이 부족으로 인해 상당수가 목숨을 잃게 될 가능성이 크다. 그것은 수컷에게도 손해나는 일이다. 수컷의 적응도는 자식 양육 쪽을 선택해야 높아진다는 것은 거의 의심할 여지가 없다. 그러므로 수컷이 두 번째 아내의 자식 양육을 지원하는 것은 행동생태학적으로 보아 현명한 선택이라 할 수 있다.

아니, 좀 더 현명한 쪽은 첫 번째 아내의 자식을 살해한 두 번째 아내일 것이다. 이 암컷은 첫 번째 아내의 자식을 살해함으로써 '자, 이제 어떻게 하겠습니까? 당신의 아이는 이제 내가 낳은 아이뿐입니다. 우리의 아이를 기르겠습니까, 아니면 빈둥빈둥 놀며 지내겠습니까? 어느 쪽이든 상관없습니다. 하지만 어느 쪽이 이득일지 생각해 보시기 바랍니다.'라고 수컷에게 고한 후 보란 듯이 수컷을 자기편으로 끌어들였다. 새끼를 살해함으로써 수컷에게 득이 되는 환경을 설정하고 수컷이 자식을 양육하면 수컷 자신의 이익이 되는 상황을 만들어낸 것이다. 수컷은 이제 두말없이 자식 양육을 돕는 수밖에 없다.

수컷 간의 이해 대립은 떠넘기기다

자식 양육을 둘러싼 동성 간의 이해 대립은 수컷 사이에도 존재한다. 예를 들어, 암컷이 남편이 아닌 다른 수컷과 교미하여 자식을 낳았을 경우 혼외 교미한 그 수컷은 자기 자식의 양육 책임을 다른 수컷(암컷의 남편)에게 떠넘기고 자신은 자식 양육에서 해방됨으로써 이익을 얻는다. 그에 비해 다른 수컷의 자식을 떠맡게 된 남편은 아무 이득 없는 자식 양육에 수고와 노력을 소비하는 꼴이 된다.

특히 조류는 90% 이상의 종이 암수가 협력하여 자식을 기르기 때문에 수컷이 착각해서 다른 수컷의 자식을 기를 위험이 높다. 실제로 지금까지의 연구에 의하면 유럽물총새, 푸른박새, 때까치, 휘파람새 등 외견상 일부일처로 번식하는 새의 대부분에서 암컷이 혼외 교미에 의해 자식을 낳은 사례가 확인되었다. 그런 연유에서 자식을 양육하는 조류의 수컷들은 서로 자기 자식을 다른 수컷이 길러주게끔 노력할 가능성이 있다. 혹은 반대로 다른 수컷의 자식을 기르는 어리석음을 피하기 위해 부심할 가능성도 있다. 실제로 이미 기술한 바와 같이 조류에서는 수컷이 아내를 감시하거나 다른 수컷한테서 멀리 떨어뜨려 놓음으로써 배우자를 보호하는 행동이 발달하였는데 이것은 다른 수컷의 자식을 기른다는 비적응적인 과오를 사전에 회피하기 위한 적응적인 행동이라고 여겨진다. 이런 점에서 수컷들은 자식 양육을 둘러싸고 서로 이해 대립의 관계에 놓여 있다고 본다.

부모 자식 간에도
이해 대립이 존재한다

너무 큰 모성애는 번식 횟수를 줄인다

　　　　　　자식을 양육하는 부모는 스스로도 자식 양육을 둘러싼 자기모순과 같은 문제를 안고 있다. 말하자면 부모 자신이 당장의 번식과 장래의 번식에 얼마만큼 힘을 쏟을 것인가라는 문제이다. 부모가 당장의 번식에 전력을 기울이면 거기서 태어난 자식의 생존율이 높아지고 그 번식에 임하는 부모의 적응도도 높아진다. 그러나 전력투구가 그 후 부모의 번식 행동에 얼마만큼의 마이너스 효과를 가져올 것이냐가 문제이다. 앞 장에서 설명한 바와 같이 실제로 부모 행동은 수컷과 암컷에 과중한 노동을 강요하고 체력을 빼앗아 수명도 단축시킨다.

　이 점을 고려하면 초기 번식 때 앞날을 생각하지 않고 무작정 힘을 쏟아부을 수도 없다. 예를 들어 평생 5회의 번식이 가능한 것을 처음 1,

2회 번식 때 힘을 너무 쏟았기 때문에 평생 3회밖에 번식할 수 없다면 그것은 큰 문제이다. 1, 2회 번식 때 전력투구하여 좀 더 많은 자식을 길러냈다 해도 4, 5회째 번식의 기회를 잃음으로써 그만큼의 자식을 얻을 수 없다면, 결국 모두 헛일이 되고 마는 것이다. 이러한 방식은 생애 번식 성적을 최대로 높이려는 목적에 적합하지 않다. 따라서 수컷과 암컷은 당장의 번식과 장래의 번식을 고려하여 거기에 쓰이는 힘을 배분하는 방법에 대해서도 무관심할 수 없다.

부모의 자식 떼 놓기는 번식 전략이다

실은 부모가 이러한 합리적인 자식 양육을 계획하고 그것을 실행하려 할 때 부모와 자식 간에 이해 대립이 생겨난다. 그것을 어미 고양이의 자식 양육을 통해 살펴보고자 한다.

과거 나의 위협에도 불구하고 자식 양육 중인 어미 고양이가 몸 바쳐 새끼 고양이를 지켰던 사례를 앞에서 잠시 소개하였지만 어미 고양이가 항상 그런 식으로 새끼에게 헌신적, 희생적이지는 않다. 고양이를 키워 본 적 있는 사람이라면 혹시 경험했을지도 모르지만 그토록 새끼를 애지중지 보살피던 어미 고양이가 어느 때부터인지 새끼를 쌀쌀맞게 대하고 제대로 돌보지도 않는다. 새끼 고양이가 젖을 바라며 다가와도 피한다. 새끼 고양이가 아주 끈덕지게 젖을 보채도 어미 고양이는 아랑곳하지 않고 오히려 새끼 고양이를 위협하거나 공격하는 등 새끼의 요구를 무정하게 거절한다.

이렇듯 자식을 멀리하는 행동, 즉 자식 떼 놓기는 어미 자신이 장래의 번식을 내다본 번식 전략의 한 가지라고 볼 수 있다. 다시 말해 모친은 자식이 홀로 일어설 수 있게 된 시점에서 자식 돌보기를 중단하고 앞으로 있을 자신의 번식에 대비하기 위해 힘을 아끼는 것이다. 이것은 부모로부터 좀 더 극진한 보살핌을 바라며 좀 더 많이 먹고 크고 건강하게 성장하려는 새끼 고양이의 이해와 상응하지 않는다. 여기서 장차 좀 더 나은 번식을 꿈꾸는 어미 고양이와 좀 더 많은 어미의 투자를 받고 건강하게 성장하려는 새끼 고양이 사이에 이해 대립이 발생한다.

가족 간에도
이해 대립이 존재한다

가족 간의 이해관계는

좀 더 복잡하다

　　　　　앞서 소개한 바와 같이 가족의 핵심이 되는 부친과 모친 및 자식 사이에는 자식 양육을 둘러싼 미묘한 이해의 차이와 대립이 존재한다. 한편 자식 양육에는 이와 같이 번식의 핵심이 되는 당사자 외에 이들 개체의 혈연자 및 더 나아가 혈연관계가 전혀 없는 비혈연자가 가세하는 경우도 있다. 그 경우 자식 양육에 참여하는 이들 개체 간의 이해관계는 좀 더 복잡해진다.

　그러나 자식 양육의 당사자인 수컷과 암컷은 이해가 일치하지 않는다고 해서 자식을 방치할 수는 없다. 자식을 둘러싼 환경에는 자식의 생존과 성장을 저해하고 위협하는 요인이 많이 있다. 추위나 더위 같은

무기적 요인도 그렇지만 기생 생물이나 포식자는 한층 큰 위협이다. 먹이도 항상 충분히 준비되어 있는 것은 아니다. 특히 육식동물에게는 늘 안정적으로 먹이를 확보할 수 있는지가 자식의 생존과 성장에 커다란 영향을 미친다.

자식 양육에 참여하는 가족은
환경에 따라 달라진다

　　　　　수컷과 암컷은 물론이고 자식 양육에 참여하는 모든 개체는 이해의 차이와 대립 혹은 자식 양육을 둘러싼 여러 가지 문제에 어떻게 대처하는 것이 각자에게 유리한가를 고려해야 한다. 어떤 개체에게는 적극적으로 자식을 양육하는 일이 유리할 수 있지만 다른 개체에게는 그렇지 않을 수도 있다. 자식 양육에서 도피하는 것이 좋은 결과를 낳는 경우도 있을 수 있다. 그러므로 자식 양육에 참여하는 개체의 면면이나 편성은 동물의 종류나 자식 양육 환경의 엄격함 등에 따라서 여러모로 달라진다.

그렇다면 동물 세계에서는 어떠한 멤버가 어떤 식으로 자식 양육에 참여하며 어떠한 자식 양육 집단을 형성할까? 여기에서는 태어난 자식을 보호하고 또한 먹이를 주어 기르기 위해 개체가 모여 만들어낸 이와 같은 개체의 집단을 가족이라고 부르겠다. 즉 여기서 말하는 가족은 '태어난 자식과 그들을 돌보는 부모 및 기타 개체들로 이루어진 집단'을 의미한다. 그런 의미에서 대부분의 물고기처럼 알을 보호할 뿐 부화한 치어에 대해 아무런 부모 행동도 하지 않는 집단은 여기서는 가족에 포함하지 않겠다.

동물의 여러 가지 가족을
소개한다

부자 가족과 모자 가족

　　　　　동물의 가족 가운데서 가장 단순한 가족은 수컷 또
는 암컷 중 한쪽만이 자식을 양육하는 경우인데 여기서는 이것을 '편친
가족(偏親家族)'이라 부르겠다.

　편친 가족에는 모친이 자식을 양육하는 '모자 가족(母子家族)'과 부친
이 자식을 양육하는 '부자 가족(父子家族)'이 포함된다. 이와 달리 부친
과 모친 양쪽이 자식을 양육하는 가족은 '핵가족'이라 부르기로 하겠다.

확대 편친 가족과 확대 핵가족

　　　　　이들 편친 가족이나 핵가족에는 종종 조부모나 나

이가 많은 자식 따위의 혈연자가 가세하여 자식을 양육하는 경우가 있는데 여기서는 그러한 가족을 각기 '확대 편친 가족' 및 '확대 핵가족'이라 부르기로 하겠다. 또한 그 양쪽을 총칭하여 '확대 가족'이라 부르겠다.

어떤 종의 동물은 이들 혈연자가 만드는 가족에 비혈연자가 가세하여 함께 자식을 양육하는 경우가 있는데 이처럼 혈연자 이외의 개체가 가세한 가족은 '혼성 가족'이라 칭하겠다.

이상과 같은 관점에서 볼 때 조류나 포유류는 과연 어떠한 형태의 가족이 자식을 양육하는지, 다음 장부터는 조류와 포유류의 가족에 대해 소개하겠다.

가족을 이루어 생활하는 동물의 형태는 지금까지 보아온 것처럼 다양하다. 그렇다면 어째서 종(種)에 따라 이와 같이 다양한 가족이 생겨나는 것일까? 가족의 진화와 가족의 형태에는 어떠한 요인이 작용하는 걸까?

동물 자신의 생물학적인 성질은 동물의 자식 양육 또는 가족의 진화와 깊은 관련이 있다. 그러한 성질 중에서도 중요한 것은 체온이다. 동물에는 체온을 일정 수준으로 유지하는 항온 동물과 체온이 외부의 온도에 따라 거의 수동적으로 변하는 변온 동물이 있다. 이 가운데 변온 동물의 새끼는 환경 온도가 적정 온도를 극단적으로 벗어나지 않는 한 생명의 위험은 없다. 그래서 부모도 새끼의 체온을 유지하기 위해 특별한 행동을 할 필요는 없다.

제5장

•

조류와 포유류의
신비로운
가족 구성

편친 가족

가족 중에서 핵심이 되는 멤버는 뭐니 뭐니 해도 부모와 자식이다. 그래서 여기서는 우선, 가족 중에서도 가장 단순한 편친 가족부터 소개하겠다.

모자 가족

조류는 대부분의 종이 암수가 협력하여 자식을 양육하는데, 모친 혼자 자식을 기르는 종도 85종이나 된다. 이것은 전체 조류의 약 2%에 해당한다. 마나킨, 벌새, 딱새, 꿩, 큰느시, 바우어버드, 극락조 등이 그 대표적인 사례이다.

모자 가족 조류의 새끼는 말하자면 이소성(離巢性)이 있어서 오리나 물떼새처럼 부화한 시점에서 깃털이 비교적 잘 발달해 있고 눈도 뜨고 있으며 부화 후 바로 일어나 걸을 수 있다. 또한 부화 때에 복강(腹腔)에 영양을 비축한 난황(卵黃)을 가지고 있는데 여기서 영양을 섭취하며 자력으로 먹이를 먹는 것도 가능하다. 가령 기러기나 오리의 새끼는 부모 곁에 딱 달라붙어 걸으면서 지면에 자란 풀이나 벌레를 찾아내어 쪼아 먹는다.

이소성을 지닌 새끼 새는 방위 행동도 터득하고 있다. 새끼는 대개의 경우 깃털이 미채색(迷彩色)이어서 주위의 배경에 섞여 있기 때문에 쉽게 눈에 띄지 않는다. 게다가 이들은 어미의 예리한 경계의 소리, 즉 요란한 지저귐을 듣고 지면이나 풀숲, 그늘진 곳에 재빨리 웅크려 포식자의 눈을 피한다.

이소성을 지닌 새의 어미는 이와 같이 자신을 자력으로 따라오는 새끼에게 먹이를 찾아내어 알려주거나 경계의 눈빛으로 주위를 살피고 위험이 닥쳤을 때는 요란하게 지저귐으로써 새끼에게 알린다. 그래서 새들의 번식기에는 이렇듯 자식을 돌보는 어미 새와 그 뒤를 부지런히 따라다니는 어린 새의 모습을 볼 수 있다. 도쿄 한복판의 빌딩 숲 사이에 번식한 흰뺨검둥오리 모자가 새롭게 물을 찾아 이사하는 모습도 TV 영상을 통해 소개된 바 있다. 2004년 6월 16일 자 〈아사히신문〉 조간의 '파란 연필(靑鉛筆)'란에도 도쿄의 어느 호텔 연못에서 지금껏 14년간 매년 번식하고 있는 흰뺨검둥오리에 관한 기사가 실렸다.

한편 포유류의 어미는 자신의 체조직(體組織)의 영양을 젖으로 분비하여 그것을 자식에게 먹이는 무척 기발한 방법을 고안해냈다. 이 때문에 포유류의 어미는 영양을 충분히 섭취하여 필요할 때 언제든 수유할 수 있도록 대비해 두어야 한다. 어미는 자신의 생명 유지를 위해서가 아니라 자식의 생명 유지와 성장을 위해서라도 먹이를 섭취해야 하는 것이다. 이 일이 꼭 쉽지만은 않아서 때때로 어미의 몸을 피폐화시킨다는 것은 앞서 말한 대로이다.

위와 같은 포유류의 특수한 먹이 공급 방법은 가족의 형태에 결정적인 영향을 끼친다. 자식에게 먹이를 주는 것은 유즙 분비 기능을 가진 암컷에게만 한정되기 때문이다. 그 결과 필연적으로 모자로 구성되는 모자 가족이 출현한다. 젖이 분비되지 않는 수컷은 여기에 관여해 볼 도리가 없다. 포유류 가운데 자식 양육에 참여하는 수컷이 5%에 못 미치는 것은 이렇듯 암컷의 생리적인 번식 제약이 있기 때문이다. 그러나 수컷은 어째서 젖을 분비할 수 없게 되었는지 그 점은 아직까지 수수께끼로 남아있다.

포유류의 어미는 자식에게 먹이를 주는 동시에 자식의 보온과 방위에도 힘쓴다. 특히 갓 태어난 동물의 신생아는 몸을 가누지 못하기 때문에 부모의 보호가 반드시 필요하다. 또한 생후 며칠이 지나 운동 능력이 발달했다고 해도 부모와 같은 준민한 움직임이나 힘이 몸에 익을 정도는 아니다. 따라서 이와 같은 신생아나 발달 도상의 유아는 육식동물의 더할 나위 없는 표적이 된다. 그런 까닭에 이들 미숙한 유아를 가진 어미는 자식을 방위하는 데 최대한의 주의를 기울여야 한다. 이것은 아프리카들소나 누, 코끼리, 기린과 같은 대형 동물의 경우에도 마찬가지다. 이들이 아무리 몸집이 큰 동물이라 해도 새끼는 사자나 표범, 리

카온, 하이에나와 같은 육식동물의 습격을 받아 생명을 잃을 수 있다.

자식을 지키고 길러낼 때의 어미는 자식에게 위해를 끼칠 만한 존재가 다가오면 거기에 과감히 맞선다. 하이에나의 표적이 된 어린 기린의 어미도 슬며시 다가오는 하이에나에게 덤벼들어 과감히 쫓아버린다. 몸집이 큰 어미 기린이 자식을 지키기 위해 정색을 하고 공격하면 어지간한 하이에나도 맞서 싸우지 못한다. 어미 기린의 커다란 발굽에 걸어차이지 않기 위해 하이에나는 어미 기린의 공격을 좌로 우로 피하면서 허둥지둥 달아난다.

조류와 마찬가지로 포유류도 어미가 혼자 자식을 기르는 종의 대부분은 갓 태어난 새끼가 단기간에 일어나 걸어 다닐 수 있는 조성성(早成性)의 동물이다. 또한 식물을 먹이로 삼는 동물이 대부분이다. 사슴, 가젤, 누 등이 그 대표적인 예이다.

부자 가족

조류 중에서 수컷 혼자 자식을 기르는 종은 무척 드물다. 부자 가족의 새는 모두 이소성을 지닌 종이며 새끼는 부화 후 금세 자력으로 걸어 다닌다. 또한 이들 부자 가족의 대부분은 학, 백로, 물떼새 따위의 섭금류(涉禽類) 그룹과 타조, 에뮤, 레아, 키위 따위의 주조류(走鳥類) 그룹이다. 이들은 모두 땅바닥에 둥지를 만든다. 이들 새의 대부분은 일부일처로 번식하는데 북부물꿩처럼 암컷이 여러 마리의 수컷과 일처다부로 번식하는 종도 있다. 소수이긴 하지만 레아처럼 둥지를 찾아오는 암컷과 연이어 생식하는 종도 있다.

주조류 중에서 가장 작은 키위는 뉴질랜드의 국조(國鳥)이기도 한데 새의 깃털이라기보다 포유류의 털과 같은 깃털을 도롱이처럼 두르고 날개는 퇴화하여 전혀 눈에 띄지 않는 사뭇 독특한 모양새를 하고 있다. 밤중에 총총총 걸어 다니며 긴 부리를 진흙 속에 처박고 지렁이 따위를 냄새로 찾아내어 먹는다. 암컷은 직경 약 13cm, 무게는 체중의 약 13%에 달하는 450g의 큰 알을 낳는 것으로 알려져 있다. 키위 정도 크기의 새가 이렇듯 큰 알을 낳는 경우는 거의 없다.

이 새를 더욱 유명하게 만든 것은 수컷의 헌신적인 자식 양육이다. 수컷 키위는 이 커다란 알을 장장 75~80일 동안 품는다. 부화한 새끼를 기르는 일도 수컷이 한다. 수컷은 새끼를 방위하는 데 마음을 쓰는 동시에 지면을 발로 파헤쳐 새끼가 혼자서 먹이를 찾아 먹을 수 있도록 돕는다. 이런 까닭에 뉴질랜드에서는 가족을 정성껏 돌보는 좋은 남편을 가리켜 '키위 허즈번드'라고 칭하며 이상적인 남편 또는 아버지로서

존경한다.

호사도요도 부자 가족의 새로 잘 알려져 있다. 이 새는 일본에서는 혼슈[本州] 이남의 물기 많은 논 등지에 서식한다. 그런데 이 종은 다른 일반적인 새와 반대로 번식기가 되면 암컷이 울음소리를 내어 수컷에게 구애한다. 이와 관련하여 이 종은 암컷이 다른 새의 수컷처럼 아름다운 깃털을 자랑하고 수컷은 수수한 색을 띤다. 호사도요의 암컷은 산란 후 알과 수컷을 내버려 두고 날아가 버린다. 그리고 또 다른 장소에서 다음 수컷과 번식에 들어간다.

한편 암컷을 떠나보낸 수컷은 포란(抱卵)을 시작하고, 16~19일이 지날 즈음 알을 부화시킨다. 부화한 새끼는 반나절이 지나면 스스로 일어나 아비 새의 뒤를 따라 걸어 다니며 스스로 먹이를 찾아내어 먹기도 한다. 이 동안 수컷은 새끼에게 주의를 기울이고, 여러 가지 위험으로부터 새끼를 보호한다. 이와 같은 수컷만의 자식 양육은, 빠르면 20~30일 만에 종료된다. 이 자식 양육이 끝나면 수컷은 다음 번식을 위해 새로운 암컷과 짝짓기를 한다.

도요새의 한 종도 암컷이 한 마리의 수컷과 교미하여 산란을 하면 그 후의 자식 양육을 수컷에게 떠맡긴다. 이처럼 부자 가족 형태로 자식을 양육하는 이유 중 한 가지는 수컷의 수가 암컷보다 많다는 것이다. 그래서 암컷은 남편을 버리고도 연이어 새로운 남편을 찾아내기 쉽다. 두 번째 이유는 새끼에게 먹일 곤충이 영유지에 대량으로 발생한다는 것이다. 그래서 새끼를 먹이는 데 특별한 어려움을 겪지 않는다. 암컷 역시 그것을 먹고 비교적 빨리 다음 알을 준비할 수 있다. 또 한 가지는 새끼가 이소성이라서 금세 자력으로 먹이를 먹을 수 있기 때문에 편친만으로도 자식 양육이 가능한 점이다.

포유류는 자식이 어미의 젖을 먹고 자라기 때문에 기본적으로 모자 가족 형태에서 자식을 양육한다. 그런 까닭에 수컷 혼자 새끼를 기르는 부자 가족은 없다.

이상 소개한 바와 같이 조류와 포유류의 편친 가족에는 모자 가족이 일반적이며 부자 가족은 극히 소수의 종에 한정된다.

핵가족

핵가족으로 생활하는
조류와 포유류

조류는 부모가 함께 자식을 기르는 종이 압도적으로 많아서 지금까지 현존하는 8,600여 종 가운데 95.6% 이상의 종이 부모가 함께 자식을 돌보면서 핵가족으로 생활한다. 핵가족으로 생활하는 새는 편친 가족의 새와는 달리 대부분이 유소성(留巢性)으로 새끼는 미발달 단계에서 부화하여 둥지에 오랫동안 머물면서 부모의 보살핌을 받는다.

포유류는 기본적으로 암컷이 자식을 양육하며, 수컷이 직접 자식을 양육하는 종은 전체 포유류의 5% 이하에 불과하다. 이 중 어떤 형태로든 수컷이 자식을 양육하는 경우가 비교적 많은 포유류는 고양이목, 말목, 원숭이목 등 세 가지 목의 동물이다. 이들 목에는 30~40%의 속(屬, 목의 하위 분류군)이 부모가 자식을 기르는 핵가족 형태로 생활한다. 이 밖에 두더지목, 박쥐목, 쥐목, 고래목, 소목의 동물은 10% 이하의 속에서 핵가족 형태를 볼 수 있다.

수컷이 새끼를 돌보며 기르는 포유류는 일부일처 생식에서 많이 볼 수 있다. 특히 수컷이 자식 양육에 깊이 관여하는 종은 대부분이 일부일처 형태이다. 예를 들어 밭쥐의 어떤 한 종의 수컷은 수유를 제외하고 보금자리며 통로를 만들고 먹이 포획, 털 관리, 품어주기, 보금자리 밖으로 기어 나온 새끼를 보금자리로 데려다놓기 등 암컷과 다름없이 자식 양육 행동에 나선다. 그 밖에 암컷이 평균보다 많은 새끼를 낳았을 경우 수컷은 제2의 보금자리를 만들어 새끼의 일부를 그곳으로 옮겨 돌본다.

그렇다면 조류와 포유류의 수컷이 많은 자식을 얻을 수 있는 일부다처의 길을 굳이 포기하고 핵가족 형태에서 암컷과 함께 힘을 합쳐 자식 양육에 정성을 쏟는 데는 무언가 특별한 이유가 있는 것일까? 이 문제와 관련하여 힌트를 주는 동물의 핵가족을 소개하겠다.

혹독한 자연환경과 가족

통상의 번식지와 달리 특수한 지역에서 번식하는 동물은 그 지역 특유의 혹독한 기상 조건에 직면하는 경우가 있다. 남극에 서식하는 황제펭귄이 그중 한 예이다. 이 펭귄은 극지 특유의 블

리자드(눈보라)가 휘몰아치는 남극의 땅에서 때로 영하 80℃까지 내려가는 혹독한 추위와 싸우면서 번식을 한다. 그들에게 문제가 되는 것은 물론 이 추위이다. 그래서 이 펭귄은 알이 차가운 지면에 직접 닿지 않도록 알을 발 위에 얹는다. 그런 연후에 아랫배의 피부로 알을 덮어 보온한다. 알에서 부화한 새끼 펭귄도 같은 방법으로 보온한다.

황제펭귄의 부모는 이상과 같은 포란 및 새끼 펭귄의 보온을 무려 2~3개월 이상 지속해야 한다. 이것만으로도 쉬운 일이 아닌데 이 펭귄은 또 한 가지 큰 문제를 안고 있다. 그것은 황제펭귄의 먹잇감이 있는 남극 바다가 번식지에서부터 50~120km나 떨어져 있다는 점이다. 뒤뚱뒤뚱 걷는 펭귄의 다리로는 그곳에 도달하는 데만 수십 일이 걸린다. 따라서 먹이를 구하려 해도 알이나 새끼를 두고 마음 편히 나설 수가 없다. 한풍 속에 남겨진 알이나 새끼는 부모의 도움 없이 홀로 살아남지 못하기 때문이다.

그래서 이 펭귄에게는 수컷과 암컷의 연대와 협력이 필요하다. 우선 낳은 알의 보온은 수컷이 책임을 진다. 포란 기간은 62일이나 되지만 수컷은 혹독한 추위 속에서 이 과혹한 포란을 지속한다. 이윽고 알이 부화하여 새끼 펭귄이 되는데 수컷은 다시금 그 새끼 펭귄을 보온하며 추위로부터 보호한다. 그리고 남극 바다에서 물고기나 오징어를 가득 먹고 돌아올 암컷을 기다릴 뿐이다. 만약 암컷의 귀가가 늦어지면 수컷은 자신의 위장 내벽에서 분비되는 분비액을 새끼에게 먹인다. 이때는 수컷이 번식 전에 남극 바다에서 마지막으로 먹이를 섭취한 지 이미 3~4개월이나 지난 무렵이다. 이 동안 수컷은 아무것도 먹지 않고 포란과 새끼 보호를 지속한다. 그래서 수컷의 체중은 번식 이전 체중의 55~70%까지 감소한다.

이윽고 물고기며 오징어를 가득 먹고 영양을 비축한 암컷이 돌아오면 수컷과 암컷은 자식 양육일을 교대한다. 오랜 자식 양육에서 해방된 수컷은 이번에는 자신이 영양을 섭취하기 위해 바다를 향한 긴 여행길에 나서게 된다. 그리고 남극 바다에서 먹이를 잔뜩 먹어 체력을 회복하고 영양의 축적인 피하지방을 다량으로 비축하면 재차 새끼를 양육하기 위해 번식지로 돌아온다.

황제펭귄이 이렇듯 혹독한 땅에서 그것도 가장 추운 겨울에 번식하는 이유는 남극 바다에 새끼의 먹잇감이 풍부해지는 1~2월까지 새끼를 독립시킬 필요가 있기 때문이다. 그 시기를 맞추기 위해 부모는 혹독한 환경 속에서 번식을 이행한다. 이 일이 가능한 것은 수컷과 암컷이 강한 유대로 맺어져 긴밀하게 협력하기 때문이다. 다시 말해, 이처럼 견실한 핵가족을 진화시킨 것은 혹독한 남극의 번식 환경 덕분이다.

먹이 확보에 혼신을 다하는 수컷

부모가 직면하는 문제 중 가장 일반적인 것이 자식을 위한 먹이 확보이다. 특히 자식에게 동물성 먹이를 주는 새의 부모는 그 먹잇감을 확보하느라 야단법석이다. 이럴 때 수컷이든 암컷이든 한쪽이 둥지를 떠나 자식 양육을 포기하면 남겨진 쪽은 만족스럽게 자식을 양육하지 못하는 상태에 몰리고 만다. 참새의 암컷이 먹이 공급을 도와 줄 남편을 자신의 가족으로 불러들이고자 다른 암컷의 자식을 쪼아 죽이는 것도 이러한 이유 때문이다. 그것은 혼자서 자식을 양육하는 일의 어려움을 여실하게 증명해 준다.

이런 경우 수컷은 개개비사촌의 수컷처럼 처자를 방치하는 방식으로는 오히려 불이익을 당한다. 처자를 버리고 다른 암컷에게 달려가 설령 그 사이에서 몇 마리의 자식을 얻었다 해도 만약 그 수가 처자를 버림으로써 잃은 자식의 수에 못 미친다면 결국 처자를 버리는 방식은 득책이 못된다. 말하자면 그냥 아내 곁에 남아 아내와 함께 자식을 양육하는 데 힘쓰는 편이 수컷으로서는 득이 되는 일이다. 대개의 새들이 이러한 상황에 놓여 있을 것이다. 새는 자식의 생존과 성장에 필요한 만큼의 먹이를 암컷 단독으로 충분히 보완하기가 어렵다는 먹이 사정이 수컷으로 하여금 둥지에 머물게 하고 아버지로서 자식 양육에 참여하도록 촉구했을 것이다. 조류 가족의 90% 이상이 핵가족인 이유가 여기에 있다고 생각한다.

자식에게 섭취한 영양을 젖으로 먹이는 포유류도 일이 그다지 단순하지는 않다. 암컷은 자식에게 수유하는 일뿐 아니라 자식을 안아 따뜻하게 보온해야 하기 때문이다. 만약 부모의 보온이 없으면 털이 나지 않은 포유류의 새끼는 금세 체온이 떨어져 성장에 나쁜 영향을 미친다. 모친은 먹이를 구할 요량으로 새끼를 두고 둥지를 떠나서는 안 된다. 그동안 새끼는 무방비 상태에 놓이게 된다. 포식자의 공격도 경계해야 하지만, 설치류 등 몇몇 포유류는 동종의 수컷에 의한 새끼 살해에 대해서도 주의를 기울여야 한다. 이렇듯 포유류의 암컷 역시 이쪽이 괜찮은가 싶으면 저쪽이 말썽인 어려운 상황 속에서 자식을 양육하고 있다. 어떤 종의 포유류는 이러한 사정 때문에 수컷이 자식 양육에 종사하게 되었다고 판단된다.

젖을 분비하지 않는 포유류의 수컷이 자식 양육에 참여하는 길은 몇 가지가 있다. 먼저 아내에게 먹이를 가져가 영양을 주고 아내의 유즙 분비를 간접적으로 도울 수 있다. 수컷이 아내에게 먹이를 공여하는 일은 이런 의미에서 수컷에 의한 간접적 수유라고 할 수 있다. 아내를 위한 먹이 공여는 한편으로 아내가 섭식을 위해 둥지를 떠날 필요성을 줄이기 때문에 아내가 좀 더 길게 둥지에 머물면서 자식을 보온할 수 있게 한다. 수컷은 이런 일 외에 새끼를 노리고 슬며시 다가오는 포식자를 쫓아버리고 처자를 방위하는 일에도 힘을 쏟는다. 이로써 아내는 자식 양육에 집중할 수 있게 된다.

아프리카의 노란개코원숭이는 수컷의 이와 같은 도움이 실제로 아내의 자식 양육에 중요한 역할을 수행한다는 것을 시사한다. 이 원숭이의 어미는 자신의 체력을 유지하기 위해 하루 중 80%나 되는 시간을 음식물을 조달하는 일에 할애한다. 자식 양육 중인 원숭이는 이에 더하여 자식에게 주는 젖에 해당하는 만큼의 먹이까지도 섭취해야 한다. 그러나 어미 원숭이의 먹이 섭취도 그것을 방해하는 자식 때문에 생각처럼 잘되지 않는다. 그래서 어미 원숭이는 수컷의 도움을 필요로 한다. 어미 원숭이가 지원을 바라는 수컷은 자신의 남편, 즉 자식의 아버지에 해당하는 수컷이지만 자신의 혈연자일 경우도 있다. 지원을 요구받은 수컷은 갓난 원숭이를 등에 업어 옮겨주거나 갓난 원숭이에게 남은 먹이를 주는 등 자식 양육을 돕는다.

그러나 그중에서도 어미 원숭이에게 있어서 가장 고마운 지원은 무리 속 다른 원숭이의 공격으로부터 자신을 보호해 주는 일이다. 이와 같은 수컷의 보호가 없으면 아내는 안심하고 먹이를 섭취할 수 없다. 남편의 보호 없이는 새끼의 생존과 성장도 장담하지 못할 것이다. 노란개코원숭이처럼 복잡한 고도 사회 속에서 자식을 양육하는 동물은 수컷이 동료의 공격으로부터 아내를 보호함으로써 자식의 생존율을 높이는 경우가 드물지 않다. 이리하여 이들 동물에게는 핵가족이 발달하게 된 것이다.

자식을 보호하는 수컷

　　　　　　　남미산 비단원숭이의 일종인 타마린은 암컷이 여러 마리의 수컷과 교미하는 일처다부로 생식하는 원숭이이다. 이 원숭이는 가족의 일원으로서 수컷이 필요한 특별한 요인이 있다. 우선 타마린은 한 번에 두 마리의 새끼를 낳는다. 게다가 새끼는 다른 원숭이에 비해 체중이 많이 나간다. 일반적으로 원숭이의 새끼는 탄생 때의 체중이 어미 원숭이의 약 10%인데 비해 타마린의 경우는 새끼의 체중이 어미의 16~20%나 된다. 따라서 어미 원숭이가 두 마리의 새끼를 혼자 돌볼 경우, 자기 체중의 32~40%나 되는 새끼를 등에 업고 다녀야 한다. 이것은 체중 50kg인 여성이 최대 20kg이나 되는 아이를 등에 업는 것과 마찬가지 수준이다.

　이들 새끼 원숭이는 성장과 더불어 체중이 증가하여 젖을 떼기 직전 무렵에는 어미 원숭이 체중의 절반 정도가 된다. 어미가 두 마리 합쳐 자신의 몸무게에 버금가는 무거운 새끼를 등에 업은 채 나무 위를 뛰어다니면서 벌레 따위를 잡으며 생활하기란 지극히 어려운 일이라 할 수 있다. 이들 원숭이의 수컷이 아내와 함께 자식 양육에 참여하는 것은 암컷 혼자서는 도저히 대처할 수 없는 이러한 문제가 있기 때문이라고 여겨진다.

　그래서 만약 수컷이 암컷을 유기하고 일부다처를 지향한다면 자식의 생존율은 현저히 떨어지고 수컷은 자식을 남기지 못하게 된다. 따라서 그것은 수컷으로서 어리석은 대책일 수밖에 없다. 수컷이 암컷을 버리고 다른 암컷과의 생식을 시도하는 일이 수컷에게 득이 되는 것은 버려진 암컷이 혼자서도 자식을 기를 수 있는 경우뿐이다. 그럴 가망성이 없다면 수컷은 아내에게 협력하여 자식을 양육하는 편이 적응도가 높아질 것이다.

실제로 이들 원숭이의 수컷은 자식을 무척 잘 기른다. 수컷은 암컷을 대신하여 빈번하게 무거운 새끼 원숭이를 운반한다. 포식자나 동료로부터 자식을 방위하는 일도 한다. 자식이 조금 자라면 자식에게 먹이를 주거나 털 손질을 해주는 등 꼼꼼하게 보살핀다. 이런 식으로 수컷이 자식을 맡음으로써 암컷은 자식 양육에서 자유로워지게 된다. 덕분에 암컷은 마음 편히 돌아다니고 벌레를 잡거나 휴식할 수 있다. 이러한 원숭이 세계에서 핵가족이나 그 이상의 가족이 적응적인 자식 양육 집단으로 진화한 것은 바로 이와 같은 이유 때문이라고 본다.

확대 가족

형, 누나의 입장에서
자식 양육을 돕는 헬퍼

        동물계에서는 별도의 개체가 번식쌍의 자식 양육을 돕는 예가 조류에서는 220종 이상, 포유류에서는 120종 이상으로 알려져 있다. 이와 같이 자기 자식 이외의 자식 양육을 돕는 개체를 헬퍼(Helper)라고 부른다.

  헬퍼는 번식쌍이 그 이전에 낳은 장성한 자식인 경우가 일반적이다. 즉 보살핌 받는 자식의 형이나 누나에 해당하는 개체가 부모 곁에 남아 헬퍼로서 부모의 자식 양육을 돕는 것이다. 그 결과 이들 동물에는 자식 양육을 중심으로 한 확대 가족이 생겨나게 되었다.

  미국의 플로리다 덤불어치는 형이나 누나가 부모의 자식 양육을 돕는 대표적인 새이다. 이 새는 플로리다의 떡갈나무며 메밀잣밤나무 숲을 생식지 삼아 생활하고 번식한다. 그런데 적당한 생식지의 숫자가 플로리다 덤불어치의 숫자에 비해 부족한 형편이다. 그래서 둥지를 떠나 독립한 젊은 새는 자기 자신의 영역권을 새롭게 설립하기에 앞서, 마땅한 장소를 찾아내기가 무척 어렵다. 이러한 사정 때문에, 이 종에서 1~2세의 젊은 새는 부모 곁에 계속 남아 부모의 번식을 돕는 헬퍼의 길을 선택한다. 헬퍼 중에는 자신의 부모가 아닌 번식쌍의 자식 양육을 돕는 예도 있지만 그 비율은 4%에 불과하고, 거의 모든 헬퍼는 자신과 혈연관계에 있는 부모의 자식 양육을 돕는다.

헬퍼는 번식쌍의 둥지를 보호하며 남동생이나 여동생에게 먹이를 공급한다. 헬퍼가 새끼에게 주는 먹이의 양은 새끼가 먹는 전체 먹이양의 30%에 달한다. 다만 헬퍼가 애쓰는 만큼 부모가 일손을 놓기 때문에 새끼가 받아먹는 먹이의 양이 많아지지는 않는다. 그래서 헬퍼가 자식 양육을 도와도 새끼의 생존율이 특별히 높아지는 것은 아니다.

그렇다고 헬퍼의 도움이 전혀 무익한 것은 아니다. 왜냐하면 부모가 편한 만큼 부모의 생존율이 높아지기 때문이다. 연구 결과 부모의 연간 생존율은 헬퍼가 없을 경우 77% 정도지만 헬퍼가 있는 경우에는 85%로 높아진다. 그 결과 번식쌍은 존재하는 헬퍼 한 마리당 평균 0.33마리의 자식을 더 남길 수 있다. 이것은 헬퍼 덕분에 남동생이나 여동생 등 혈연자가 늘어난다는 것을 의미하는데 곧이어 설명하겠지만 혈연자가 늘어나는 것은 헬퍼로서도 이익이 된다. 그리고 헬퍼 중 수컷은 훗날 부모가 지닌 영역권의 일부 또는 전부를 이어받아 번식에 들어갈 수 있다. 이 점 또한 헬퍼에게 큰 이익이 된다.

포유류에도 헬퍼의 존재가 알려져 있다. 아프리카에 서식하는 검은등재칼이 그중 한 예이다. 물론 수유는 암컷이 하지만 수컷 또한 처자를 방위하거나 아내에게 먹이를 가져다주는 등 자식 양육을 돕는다. 그렇지만 육식동물은 잡아먹히는 쪽인 피식자(被食者)도 온갖 수단을 다하여 포식자로부터 달아나는 데 필사적이므로 그리 호락호락 잡히지는 않는다.

이런 때 검은등재칼은 헬퍼가 번식쌍 곁에 머물면서 그들의 자식 양육을 지원한다. 연구 결과 검은등재칼도 번식쌍이 1~3년 전에 낳은 자식, 다시 말해 현재 양육 중인 어린 자식의 형이나 누나임을 알 수 있었다. 이들은 어린 동생을 위해 털 손질을 하거나 같이 놀아주기도 한다. 또한 설치류 따위의 먹이를 잡아 뱃속에 넣고 그것을 보금자리로 가지고 돌아와 토해내어 수유하는 암컷에게 제공한다.

검은등재칼과 마찬가지로 혈연자 헬퍼 또는 비혈연자 헬퍼가 가세하여 확대 가족이나 혼성 가족 형태를 이루어 자식을 양육하는 포유류로는 난쟁이몽구스와 알락등타마린, 마모셋원숭이 등이 알려져 있다.

혈연자에 대한 지원의 의미

여기에 소개한 헬퍼는 위험을 무릅쓰고 형제자매를 보호하거나 시간과 에너지를 소비하여 잡은 사냥감을 도로 토해내어 어미에게 주는 등 비용만 들이고 이익은 얻지 못하는 것처럼 비친다. 즉 헬퍼의 지원 행동의 수지 결산은 비용(C)만 들이고 이득(B)이 제로이므로, $B-C<0$가 되는 것처럼 보인다. 만약 정말로 그렇다면 이러한 지원 행동은 적응도를 감소시킬 뿐 자연 도태상 결정적으로 불리하다. 따라서 진화할 여지는 없다.

하지만 일견 손해를 보는 듯한 이들 헬퍼의 지원에는 사실 깊은 의미가 담겨 있다. 그것은 헬퍼가 형이나 누나로서 양육을 돕는다는 점과 관련이 있다. 형제자매가 같은 아버지와 어머니한테서 태어났다면 생김새나 성격을 결정짓는 유전자도 어느 정도 비슷하다. 부모가 같은 형제자매는 같은 아버지와 어머니로부터 유전자를 물려받기 때문에 이론적으로 모든 유전자를 2분의 1의 확률로 공유한다. 다소 부정확하긴 하지만 형제자매는 이렇듯 서로 같은 유전자를 절반씩 나눠 가지는 셈이 된다.

이런 점에서 형제자매에 대한 헬퍼의 지원은 헬퍼 자신에게도 의미가 있다. 왜냐하면 헬퍼의 지원은 그 지원을 받는 형제자매 중 2분의 1인 자신의 유전자에 대한 지원도 되기 때문이다. 다시 말해 헬퍼는 형제자매라는 혈연자 속에 깃든 자기 자신의 유전자를 지원하는 셈이 된다. 따라서 형제자매가 자식을 낳으면 헬퍼는 조카나 질녀에 해당하는 그 아이의 몸속에 자신의 유전자를 보낼 수 있다. 만약 자신의 지원이 큰 효과를 발휘하여 지원을 받은 형제자매가 지원을 받지 못한 경우보다 충분히 많은 자식을 낳게 되면 그것은 헬퍼로서도 득이 되는 일이다. 혈연자에 대한 지원이 설령 자기 자신의 적응도를 감소시켜도 그 지원 덕분에 혈연자의 번식 성적이 충분히 높아지고 헬퍼의 이 손실을 보충하고도 남을 만큼 커진다면 혈연자에 대한 자기희생적인 지원은 헬퍼 자신에게도 득이 된다. 그런 경우 혈연자에 대한 지원 행동은 다소 자기희생적인 지원일지라도 진화할 수가 있다. 이와 같이 혈연자가 공통의 조상에서 유래한 같은 유전자를 공유하는 것에 기초하여 혈연자 간의 이타적인 협력 행동 따위의 진화를 촉구하는 것을 가리켜 '혈연 도태(血緣淘汰)'라고 한다.

혼성 가족

비혈연자로서의 헬퍼

앞에서 소개한 바와 같이 플로리다덤불어치나 검은 등재칼은 헬퍼가 번식쌍과 혈연관계에 있는 장성한 자식인 경우이지만 비혈연자가 헬퍼로서 번식쌍의 자식 양육을 돕는 동물도 있다.

아프리카산 뿔호반새는, 번식쌍이 낳은 1~3세의 자식이 헬퍼로서 부모의 자식 양육을 돕는다. 이 혈연자 헬퍼는 제1헬퍼로 불린다. 이 밖에 번식쌍과 혈연관계가 전혀 없는 수컷도 헬퍼로서 자식 양육을 돕는 경우가 있다. 이 비혈연자 헬퍼는 제2헬퍼라고 칭한다. 전자의 경우 번식 집단은 혈연자만으로 형성되는 확대 가족이지만 후자의 경우는 비혈연자를 포함하는 혼성 가족을 형성하게 된다. 그리고 어느 경우든 헬퍼는 번식쌍의 암컷에게 물고기를 잡아다 주거나 포식자로부터 둥지를 지키고 더 나아가 둥지 안의 새끼에게 먹이를 주는 등 자식 양육을 돕는다.

비슷한 현상은 포유류에게서도 발견되는데 난쟁이몽구스가 그중 한 예이다. 이 몽구스는 한 쌍의 번식쌍과 헬퍼로 구성된 10마리 정도의 혼성 가족으로 생활하는 주행성(晝行性) 육식동물이다. 헬퍼로는 번식쌍의 원래 자식과 밖에서 들어온 비혈연자가 있다. 헬퍼의 일은 딱정벌레나 흰개미, 노래기 따위를 잡아다 둥지 안의 새끼에게 주는 일, 그리고 몽구스 같은 포식자로부터 둥지를 지키는 일이다. 비혈연자 헬퍼는 번식쌍의 원래 자식인 혈연자 헬퍼보다도 열심히 움직인다.

번식에 관여하지 않는 헬퍼

벌거숭이뻐드렁니쥐는 포유류의 혼성 가족 중에서도 다소 특이한 존재이다. 벌거숭이뻐드렁니쥐는 동아프리카의 평원

에 서식하는 설치류로서 지하에 긴 터널을 파고 그 안에서 집단으로 생활한다. 터널은 때때로 총 길이만 3km가 넘는 경우도 있다. 먹이는 이 터널에서 얻을 수 있는 식물의 뿌리나 땅속줄기이다. 집단의 개체 수는 40마리부터 시작하여 큰 집단은 무려 300마리에 달한다. 다만 이 안에서 생식하는 암컷은 한 마리뿐이며 수컷은 1~3마리이다. 그 밖의 개체는 수컷이든 암컷이든, 꿀벌의 일벌처럼 번식에 관여하지 않는 헬퍼이다.

이들 헬퍼는 터널 안의 둥지 만들기, 먹이 채취하기, 터널 안 청소하기, 터널 파기 외에 뱀이나 침입한 다른 집단의 개체로부터 자신의 집단을 방위하는 일도 한다. 헬퍼에는 번식 개체의 혈연자와 비혈연자가 포함되는데 난쟁이몽구스와 달리 벌거숭이뻐드렁니쥐의 비혈연자 헬퍼는 틈만 나면 게으름을 피우려 든다.

대집단에서
생활하는 가족

동물의 가족은 종종 서로가 한데 모여 큰 가족 집단을 형성한다. 제비갈매기, 괭이갈매기, 바다쇠오리, 재갈매기 등의 새는 다수의 가족이 발 디딜 틈도 없을 만큼 밀집하여 자식을 양육한다. 포유류도 톰슨가젤이나 누 따위의 초식동물은 수천에서 수만 마리나 되는 모자 가족이 모여 대번식 집단을 형성한다.

희석 효과

이와 같은 대집단은 자식 양육 중인 가족에게 방위상 몇 가지 이익을 가져다준다. 첫 번째는 '희석 효과(稀釋效果)'로 불리는 이익이다. 이것은 집단의 일원으로 가세함으로써 공격당할 위험을 줄이는 효과이다. 예를 들어 누의 모자 가족이 단독으로 자식을 양육하는 모습이 포식자에게 발견되면 자식은 100% 포식의 대상이 된다. 그러나 만약 500팀의 모자 가족이 모여 사는 집단의 일원이 되면 자식이 포식의 대상이 될 확률은 500분의 1로 줄어들게 된다. 이 희석 효과라는 이익을 만들어내기 위해 대집단에서 생활하는 동물이 많이 있다.

교활 효과

대집단에 가세함으로써 얻을 수 있는 두 번째 이익은 '교활 효과(攪活效果)'에 의한 방위적인 이익이다. 말하자면 똑같이 생긴 동물이 똑같이 움직임으로써 포식자의 공격 성공률을 떨어뜨려 얻게 되는 이익이다. 예를 들어 찌르레기는 많은 수가 밀집 집단을 이루어 마치 구름이 움직이듯 좌우로 날아다니는데, 이 때문에 이러한 집단을 공격하는 매는 효과적으로 찌르레기를 잡아먹을 수가 없다.

포식자 조기 발견

세 번째 이익은 포식자의 조기 발견이다. 누가 한 마리일 경우 포식자를 발견할 수 있는 눈은 당연히 두 개뿐이다. 하지만 500마리가 모여 있으면 무려 1,000개의 눈이 사방팔방으로 경계의 시선을 보낸다. 그 결과, 경계의 밀도는 500배로 높아지고, 좀 더 빨리 좀 더 먼 곳의 포식자를 발견할 수 있다. 그리고 그런 만큼 좀 더

빠르게 방위 행동에 들어갈 수 있다. 예를 들어 큰매에게 종종 잡아먹히는 산비둘기는 한 마리일 때의 피식률(被食率)은 약 80%로 높지만, 2~10마리의 집단이 되면 피식률은 약 60%로 감소한다. 더욱이 11~49마리와 50마리 이상일 경우, 피식률은 각기 10여 %와 수 %로 감소한다.

또 한 가지, 집단을 형성하면 방위력(防衛力) 자체가 향상된다. 사자도 아프리카들소가 무리를 지어 대치하면 손쓸 방도가 없다. 사향소도 단독으로는 이리의 공격을 막을 수 없지만 수컷들이 뿔을 바깥쪽으로 향하고 방위형 원을 이루어 집단으로 대치하면 이리도 쉽게 근접하지 못한다. 새끼 까마귀를 노리는 까마귀도 자식 양육 중인 붉은부리갈매기 집단으로부터 격렬한 반격을 받게 되면 대부분 포식에 실패하고 물러난다.

육식동물의 표적이 되는 동물의 가족은 여기서 든 예와 같이 다수가 모여 큰 집단을 형성함으로써 자식이 포식 당할 위험을 줄인다.

가족의 진화에
영향을 주는 요인

가족을 이루어 생활하는 동물은 지극히 소수이지만 그 가족의 형태는 지금까지 보아온 것처럼 다양하다. 그렇다면 어째서 종(種)에 따라 이와 같이 다양한 가족이 생겨나는 것일까? 가족의 진화와 가족의 형태에는 어떠한 요인이 작용하는 걸까?

가족의 형태에 영향을 주는 요인에는 몇 가지가 있다. 그러한 요인들은 크게 동물 자신의 생존 및 생식 생리 혹은 자식의 발달 생리에 관련된 요인과 자식 양육을 둘러싼 생태학적인 환경 요인으로 구분된다.

동물 자신의 생물학적 성질

동물 자신의 생물학적인 성질은 동물의 자식 양육

또는 가족의 진화와 깊은 관련이 있다. 그러한 성질 중에서도 중요한 것은 체온이다. 동물에는 체온을 일정 수준으로 유지하는 항온 동물과 체온이 외부의 온도에 따라 거의 수동적으로 변하는 변온 동물이 있다. 이 가운데 변온 동물의 새끼는 환경 온도가 적정 온도를 극단적으로 벗어나지 않는 한 생명의 위험은 없다. 그래서 부모도 새끼의 체온을 유지하기 위해 특별한 행동을 할 필요는 없다.

이에 비해 항온 동물의 조류와 포유류는 새끼를 방치할 수가 없다. 특히 참새나 고양이 새끼처럼 거의 갓난아이 상태로 태어나 체온을 유지하는 데 필요한 체모나 깃털을 갖추지 못한 동물은 부모가 새끼 보온에 우선 힘써야 한다. 그렇지 않으면 새끼는 체온을 잃고 사망하게 된다. 실제로 이들 동물의 부모는 먹이를 먹는 시간조차 아깝다는 듯 새끼를 몸으로 감싸 덮거나 끌어안는다든지 하여 보온에 힘쓴다. 조류와

포유류에게서 어떠한 형태로든 가족이 진화하는 이유는 이러한 동물의 항온성과 관련이 있다.

새끼가 출생 후 곧바로 자립하여 행동할 수 있는지도 가족의 형태에 큰 영향을 끼친다. 이미 말한 바와 같이 오리나 기러기 따위의 이소성 조류와 사슴과 누 따위의 조성성 동물의 새끼는 태어난 지 얼마 지나지 않아 제 힘으로 일어나 걸어 다닌다. 따라서 부모는 새끼를 입에 물거나 안고 다닐 필요가 없다. 이에 비해 참새나 매를 비롯한 유소성 조류와 치타와 리카온 같은 만성성(晩成性) 동물의 새끼는 갓 태어난 무렵에는 운동 기능이 거의 발달되어 있지 않다. 그래서 부모는 이러한 새끼를 둥지에 숨겨두고 보호해야 한다. 이와 같은 동물은 경우에 따라 편친만으로는 양육이 부족할 때도 있다. 그래서 이 경우는 양친에 의한 핵가족이 진화할 가능성이 높아진다.

동물이 먹는 먹이의 종류나 먹이 취득 방법도 가족의 형태에 영향을 미친다. 이미 몇 차례 언급했다시피 포유류는 암컷만 젖을 분비하기 때문에 암컷이 자식 양육으로부터 자유로워질 수는 없다. 또한 수컷이 자식 양육에 관여할 여지도 거의 없다. 포유류는 90% 이상의 종이 암컷 혼자 자식을 기르기 때문에 모자 가족이 진화한 가장 기본적인 이유는 암컷이 젖을 먹여 자식을 기르는 포유류의 생식 생리에 있다.

일반적으로 식물을 먹는 초식성 동물은 새끼가 자력으로 먹을 수 있는 단계까지 기르면 따로 먹이를 공급할 필요가 없어진다. 그런 연유로 이러한 동물은, 편친만으로도 자식 양육이 가능해진다. 많은 초식동물이 편친 가족 형태로 생활하는 이유는 이렇듯 비교적 쉽게 섭취할 수 있는 식물을 먹이로 삼기 때문이다.

이런 점에서 다른 동물을 먹이로 삼는 육식성 동물은 편친만으로는 새끼의 먹이를 확보하기가 어려워진다. 특히 살아 있는 사냥감을 잡아 먹이로 삼는 포식성 동물은 부모가 사냥감을 포획하는 데 많은 시간과 에너지가 요구된다. 이것을 편친으로 달성하기란 쉬운 일이 아니다. 그래서 이러한 동물은 양친이 협력하여 자식을 양육하는 일이 우선적으로 필요하다. 몽구스나 사자 따위의 포식성 동물에게 핵가족이나 확대가족이 많이 나타나는 것은 이런 이유 때문이다.

이것 외에 암컷이 한 번에 얼마나 많은 새끼를 낳고 어느 정도로 큰 새끼를 낳는지 또는 새끼의 성장 속도가 빠른지 느린지 등의 형태에 영향을 끼치는 것도 동물 자신의 성질에 달려 있다.

자식 양육의 생태학적 요인

동물의 자식 양육이 늘 바람직한 환경 아래에서 이루어지는 것은 아니다. 동물은 자식 양육에 앞서 그 일을 방해하는 수많은 환경 요인에 노출되어 있다. 극도의 고온이나 저온 돌발적인 비바람이나 홍수, 혹독한 가뭄 등 무기적 요인은 언제라도 동물을 급습할 수 있다. 그리고 이러한 장해 요인은 때때로 편친만의 자식 양육을 어렵게 만든다. 앞서 소개했듯이 남극 대륙에서 번식하는 황제펭귄은 수컷과 암컷, 즉 부부가 긴밀한 연대를 맺고 협력하여 자식을 양육한다. 이와 같은 번식지에서는 부부가 협력하여 자식을 양육하는 핵가족이야말로 피할 수 없는 선택이라 말할 수 있다.

무기적인 환경 요인에 더하여 생물적인 환경 요인도 가족의 진화에 중대한 영향을 끼친다. 그중에서도 특히 중요한 요인은 먹이 환경과 포식 환경, 영역권 자원 등의 번식 환경이다. 아프리카에 서식하는 물총새의 가족은 이 점을 여실히 보여준다. 이 새는 번식지를 나이바샤 호수 근처에 잡느냐, 빅토리아 호수 근처에 잡느냐에 따라 헬퍼의 수가 달라지는데 그 차이는 번식지의 영역권 자원의 풍부함과 먹이 획득이 얼마나 수월한가에 기인한다.

연구에 의하면 어느 번식지든 영역권을 설립하기에 적합한 후보지가 부족함을 알게 되었다. 그 때문에 번식을 지향하는 물총새는 번식용 영역권을 확보하는 데 시간과 에너지를 쏟아붓는다. 그러나 영역권을 만들 장소가 부족하기 때문에 일부의 새는 영역권을 소유하지 못하여 생활할 만한 장소를 찾아 헤매야 한다.

또 한 가지, 나이바샤 호와 빅토리아 호의 번식지는 번식지의 질(質)에 큰 차이가 있다. 나이바샤 호는 번식지에서 그리 멀지 않은데다 호수의 물결이 잔잔해서 물고기를 잡는 데 긴 시간이 필요치 않다. 또한 물고기도 비교적 크기 때문에 먹이 채취 비용당 이득이 크다는 특징이 있다. 이에 비해 빅토리아 호는 번식지에서 먼데다 호수의 물결이 높아서 물고기를 포획하는 데 다소 긴 시간이 요구된다. 게다가 빅토리아 호의 물고기는 크기가 작아서 먹이 채취 효율이 나이바샤 호에 비해 무척 낮고 번식을 한층 어렵게 만든다. 요컨대 빅토리아 호의 생식지는 번식하기 위한 생태학적인 조건이 무척 혹독하다.

나이바샤 호의 번식쌍에는 제1헬퍼만 존재하고 빅토리아 호의 번식쌍은 이에 더하여 제2헬퍼가 존재하는데 번식지의 이와 같은 번식 조건의 차이가 원인이라고 생각된다. 번식지는 영역권 자원이 부족하기 때문에 영역권을 갖지 못하는 개체가 있는 한편 영역권을 가진 번식쌍도 새끼를 위한 먹이 확보에 고생을 한다. 그래서 양자 간에 '거래'의 여지가 생겨난다. 즉, 번식쌍이 영역권 내에서의 생활을 허용하는 대신에 영역권을 갖지 못한 개체는 자식 양육에 협력하는 식으로 서로의 어려움을 극복하기 위해 양자가 타협한다. 이때 번식쌍이 제1헬퍼만을 허용할 것인지, 아니면 제2헬퍼도 허용할 것인지는 자식의 먹이 확보가 얼마만큼 어려운가에 달려있는 듯싶다. 빅토리아 호에 서식하는 번식쌍의 경우 제2헬퍼의 도움이 필요할 정도로 먹이 확보가 어렵기 때문에 제2헬퍼가 허용되는 것이라 본다.

실제로 이러한 의견은 몇 가지 관찰에 의해 뒷받침된다. 예를 들어 나이바샤 호의 번식지에서는 번식쌍의 수컷이 헬퍼로서 그곳에 들어오려는 수컷을 집요하게 쫓아버리려 한다. 아무리 헬퍼라고 해도 번식수컷의 입장에서는 영역권 내의 자원을 소비하는 식객과 다름없다는 점에서 이것은 당연한 처사라고 할 수 있다. 그러나 헬퍼의 도움을 필요로 하는 빅토리아 호에서는 비혈연자인 제2헬퍼가 얹혀사는 것도 허용된다.

또한 새끼의 수를 늘리거나 줄이는 실험의 결과도 이 생각을 지지한다. 실험적으로 빅토리아 호의 번식쌍으로부터 새끼를 빼내어 먹이를 공급하는 수고를 경감시키자 물총새는 제2헬퍼를 공격하여 쫓아냈다.

반면, 새끼를 더 추가하여 먹이를 공급하는 수고를 늘린 나이바샤 호의 물총새는 제2헬퍼를 받아들였다. 일손이 부족한 참에 잘됐다라는 이치에 따른 행동이라 할 수 있다.

앞에서는 동물 자신의 번식에 관련된 성질이나, 번식을 둘러싼 생태학적 환경이 가족의 진화에 영향을 준다고 설명했다. 그러나 이 밖에 가족의 진화와 형태에 영향을 주는 중요한 요인이 또 한 가지 있다. 그것은 번식을 하는 암컷과 수컷의 이해 문제이다. 이 점에 대해서는 이미 제1장과 제2장에서 소개하였듯이 이 수컷과 암컷의 이해관계가 동물의 자식 양육 또는 가족의 진화에 깊이 연관되어 있다. 또한 비(非)번식 개체이면서 자식 양육을 지원하는 헬퍼의 이해도 연관되어 있다. 그래서 본 장에서는, 가족 내의 수컷과 암컷 및 헬퍼 간의 이해 문제가 가족의 형태에 어떠한 영향을 주는지를 소개하겠다.

제6장

•

자식을 양육하는
가족들의
득실 계산

자식 양육에 드는 비용은
계산이 불가능하다

수컷은 다른 암컷과의 교미 기회를 잃는다

　　　　　자식 양육은 자식의 생존율과 번식률을 높이고 궁극적으로 자식을 양육하는 수컷이나 암컷의 적응도를 높이는 반면 그러한 수컷과 암컷, 더 나아가 헬퍼에게 커다란 비용이 되어 적응도를 감소시킨다. 그러나 자식 양육에 드는 비용은 이것뿐만이 아니다. 수컷에게 가장 중요한 비용은 자식 양육에 관여하느라 다른 암컷과의 교미 기회를 잃는 것이다. 수컷의 입장에서 적응도를 최대한으로 높이는 가장 기본적인 전략은 좀 더 많은 암컷을 수정시키는 일이므로 자식 양육 때문에 다른 암컷과의 교미 기회를 잃는다는 것은 당연히 큰 비용이 된다.

암컷은 번식 횟수를 감소시킨다

한편 암컷의 경우에는 자기 자신이 생산하는 알 또는 새끼의 수를 어떻게 늘릴 것인지, 그리고 평생 얼마나 많이 번식을 반복할 것인지가 암컷의 생애 번식 성적의 상한을 결정짓는다. 그런 점에서 자식 양육은 에너지를 사용하여 다음 번식을 위한 산란 수 및 산자 수를 감소시키고 더 나아가 생애 번식 횟수를 감소시키기 때문에 암컷에게는 큰 비용이 된다.

그러므로 자식 양육을 통해 적응도를 조금이라도 더 높이기 위해서는 수컷도, 암컷도 이 비용을 가능한 한 억제할 필요가 있다. 자식 양육에 드는 비용을 최소한으로 억제하는 것은 자식 양육을 얼마나 효과적으로 하느냐, 얼마나 능숙하게 자식 양육으로부터 자유로워지느냐에 달려 있다. 각자 자식 양육의 수고로부터 자유로워짐으로써 생애 번식 성적을 최대화시키려는 수컷과 암컷. 그 때문에 기회만 있으면 자식 양육을 상대방에게 밀어붙이려는 수컷과 암컷. 여기서 수컷과 암컷의 자식 양육을 둘러싼 문제로 대립하게 된다. 이러한 이해관계 속에서 수컷과 암컷은 자식 양육에 임하는 것이라 생각한다.

그렇다면 자식 양육에 관여하는 것은 누구일까? 또한 그것은 어떤 방식으로 정해지는 것일까?

물고기는
부자 가족이 우세하다

물고기의 암컷이

자식 양육에 소홀한 이유

        어류의 자식 양육은 위의 문제를 생각하는 데 있어서 많은 참고가 된다. 어류는 어류 전체의 10여 퍼센트에 해당하는 종이 자식을 양육하는 것으로 알려졌다. 이것은 조류나 포유류와 비교하면 무척 적은 수치이다. 여기서 자식 양육의 내용은 대부분 알을 보호하는 것이며, 부화한 치어를 보호하는 종은 소수이다. 더욱이 한두 가지 예외를 제외하고는 치어에게 먹이를 공급하는 종은 없다.

  또한 어류는 수컷이 자식을 양육하는 종이 암컷이 양육하는 종보다 2배 정도 많다는 점이 특징이다. 이와 같이 어류의 자식 양육은 조류나 포유류의 자식 양육과는 크게 다르다. 그러므로 어류와 조류 및 포유류의 자식 양육을 비교하고 어째서 이와 같은 차이가 생겨나는지 조사함으로써 누가 어떤 이유로 자식을 양육하는지도 알 수 있으리라 기대할 수 있다.

어류의 암컷은 눈앞에 있는 알이나 새끼를 보호함으로써 자식의 생존율이 효과적으로 향상된다면 당연히 자식을 방위하는 데 힘을 쏟아야 마땅하다. 그러나 거기에 자신이 가진 힘을 모두 투입하는 것이 좋은지 아닌지는 조건에 따라 달라진다.

만약 암컷이 생애 또는 1회 번식 시즌에 단 한 차례만 번식할 수 있다면 암컷으로서는 전력을 다해 자식을 양육하는 편이 나을 것이다. 그렇지 않고 자식 양육에 소홀하여 몇몇 자식을 잃게 된다면 암컷이 남기는 자식의 수, 즉 암컷의 적응도는 그만큼 줄어들게 된다. 그것은 암컷에게 손해가 되는 방식이며 자식 양육에 전력투구하여 좀 더 많은 자식을 남기는 암컷과의 경쟁에서 패하는 것이다.

실제로 번식 시즌에 한 번밖에 산란하지 않는 동갈횟대는 낳은 알 덩어리를 지키는 데 힘을 쏟는다. 이 동갈횟대의 암컷은 알 덩어리를 보호하는 데 시간과 에너지를 소비해도 다음 번식이 1년 후이기 때문에 그때까지 다음 번식을 위한 알을 준비할 수 있다. 다시 말해 동갈횟대의 경우, 알을 보호하는 일은 암컷에게 비용이 들지 않는다. 그 점이 동갈횟대의 암컷에게 알을 보호하는 행동이 진화한 이유라고 본다.

그러나 번식 시즌에 몇 차례씩 산란하는 종의 경우에는 이 일이 그다지 단순한 것은 아니다. 말하자면 암컷이 눈앞의 알이나 새끼를 돌보는 데 전력투구하고 그래서 체력을 소모하여 영양을 지나치게 써버리면 다음 번식 때 낳아야 할 알의 수가 감소할 우려가 있다. 알 하나하나에 충분한 양의 영양을 공급하지 못하고 자식의 생존율을 떨어뜨릴 수도 있다. 그런 까닭에 암컷이 현재의 번식에만 신경을 빼앗긴다면 다음 번식은 실패할 위험이 크다.

반대로 장래의 번식을 위해 힘을 축적하려면 현재 자식에게 들이는 수고를 적당히 조절해야 한다.

현재의 번식과 장래의 번식은 이율배반의 관계에 놓여 있다. 암컷이 생애 총 번식 성적을 최대한으로 올리기 위해서는 양자의 균형을 잘 잡아야 한다. 이제까지의 연구 결과로 볼 때 물고기의 암컷이 자식을 양육하는 경우가 적은 이유는 결국 자식 양육에 드는 비용이 커서 이득이 되지 않기 때문이라고 생각된다.

큰가시고기의 수컷은
좋은 아버지의 표상이다

그렇다면 어류의 수컷이 암컷보다 양육을 잘하는 이유는 무엇일까? 그 이유를 수컷 큰가시고기의 자식 양육 행동을 통해 생각해 보기로 하자.

큰가시고기는 수컷이 자식을 양육하는 대표적인 물고기이다. 이 종의 수컷은 자신이 만든 둥지에 암컷을 유인하여 산란시키고 그것을 수정시킨 후 가슴지느러미를 부채질하여 그 알에 신선한 물을 보내는 등 알의 발생을 돕게 된다. 또한 알을 방위하는 일도 한다. 예를 들어 아내

이외의 암컷이 알을 집어삼키려고 집단으로 습격해오면, 수컷은 둥지에서 조금 벗어난 호수 바닥을 입으로 쿡쿡 쪼며 마치 그곳에 있는 먹이를 쪼아먹는 듯한 행동을 취한다. 그러면 암컷 집단은 수컷의 그런 행동에 속아 그 부근으로 먹이를 찾기 위해 몰려가는 바람에 진짜 둥지 안의 알을 지나쳐버린다. 이러한 페인트 모션으로 수컷은 암컷 집단을 둥지에서 떨어진 장소로 유인함으로써 자신의 알에 미칠 위험을 회피한다.

알은 수온 15℃에서 열흘 정도면 부화하는데, 수컷은 알이 부화한 후에도 4~5일간은 부화한 치어를 돌본다. 돌보는 일은 오로지 치어를 방위하는 것으로, 가령 치어가 둥지에서 뛰쳐나갔을 경우에 그 치어를 입에 머금어 둥지 안으로 도로 데려다 놓는다.

그렇다면 수컷의 이러한 부모 행동이 수컷의 다음 번식을 방해하고 결과적으로 수컷의 번식 성장을 감소시키지 않을까? 그런데 연구 결과 사실은 이 예측과 정반대임을 알 수 있었다.

우선 수컷이 이렇듯 바지런하게 자식 양육에 힘쓰는 모습은 암컷에게 매력적으로 비친다. 암컷은 자신이 낳은 알이 무사히 발생하여 부화하기를 원한다. 그래서 알을 맡긴 수컷이 자신의 알과 치어를 제대로 길러 줄 것인지 마음이 쓰인다. 그런 점에서 이미 둥지에 알을 품고 그 알을 정성스레 돌보는 수컷은 암컷에게 좋은 수컷으로 비쳐진다.

그래서 이런 수컷은 암컷들로부터 인기를 얻고 연이어 암컷의 방문을 받게 된다. 수컷은 암컷들한테서 인기를 얻고자 다른 둥지에서 알을 훔쳐내어 자신의 둥지로 가져오는 알 도둑질을 저지르는 경우도 있다.

수컷은 좋은 아버지라는 모습을 내세워 일부다처를 달성할 수 있다.

한편 수컷의 자식 양육 비용은 그다지 많지 않다. 왜냐하면 수컷은 다음 암컷과 생식할 때도 새로운 둥지를 만드는 것이 아니라 같은 둥지를 사용하기 때문이다. 즉, 따로 둥지를 만들기 위한 비용이 들지 않는다는 것이다. 또한 자식 양육 행동의 비용 자체도 늘어나는 일은 없다. 수컷은 가슴지느러미를 부채질하여 둥지 안의 알에 신선한 물을 보냄으로써 알을 돌보는데 이 행동의 비용은 알이 새롭게 둥지에 추가되어도 큰 폭으로 증가하지는 않는다. 알을 50개 돌보든 100개 돌보든 수컷에게는 거의 같아서 수컷은 이 알들을 한 번에 모아 돌볼 수 있다. 이리하여 큰가시고기의 수컷으로서는 자식을 양육하는 일이 번식 성적의 향상으로 이어지고 결과적으로 자식 양육은 자신에게 큰 이익을 가져다주기 때문에 열심히 자식을 양육한다.

큰가시고기뿐 아니라 돌이나 바위 표면에 알을 낳는 물고기의 대부분은 수컷이 어떤 암컷과의 생식을 통해 알 덩어리를 얻은 후에도 활발하게 구애하여 암컷의 또 다른 산란을 재촉한다. 그리고 발생 단계가 다른 알을 동시에 돌본다. 동갈횟대과의 어느 수컷은 이렇게 해서 100개에 가까운 알 덩어리를 돌보는 것이 관찰되었다.

이렇듯 어류의 세계에서는 알이나 치어를 돌보는 일이 암컷에게는 비용이 되지만 수컷에게는 거의 비용이 되지 않고 오히려 이득을 늘리는 경우가 많다고 할 수 있다. 바로 이 점이 어류에 모자 가족보다 부자 가족이 좀 더 많이 진화한 주요 이유라고 여겨진다.

새의 가족은 핵가족이
주류를 이룬다

그렇다면 조류는 어떨까? 어류와 달리 조류는 90% 이상의 종이 암수가 함께 자식 양육에 참여한다. 그 이유는 조류가 알을 둥지에 산란하기 때문에, 이후의 포란과 새끼 양육은 수컷도 참여 가능하다는 번식 양식과 관련이 있다. 그러나 수컷이 자식 양육에 참여할 수 있다는 것과 수컷이 실제로 자식 양육에 참여하는 것은 별개의 문제이다.

조류는 수컷이 양육에 참여한다

그렇다면 어째서 조류는 90% 이상의 종의 수컷이 자식 양육에 참여하는 것일까? 이 점에 대해서는 황제펭귄의 자식 양육에서 힌트를 얻을 수 있다. 황제펭귄은 포란과 새끼 양육 때의 기상 조건이 무척 혹독하다는 점, 포란 및 새끼 양육의 기간이 석 달 이상이나 된다는 점, 먹이터가 무척 멀다는 점 때문에 혼자서는 자식을 양육하기 어렵다.

여기서는 수컷이나 암컷이 자식을 양육함으로써 얻을 수 있는 이득이 비용과 충분한 균형을 이룬다. 이것은 자식을 양육하지 않을 경우의 이득이 0인 것을 고려하면 거의 확실하다고 말할 수 있다. '수컷과 암컷의 자식 양육 행동의 이득÷비용'의 값은 자식 양육하지 않는 경우의 '이득÷비용(=0)'보다 확실히 크다. 자연 도태는 '이득÷비용'의 값이 좀 더 큰 행동 쪽으로 기운다. 이리하여 황제펭귄은 양친에 의한 자식 양육 또는 핵가족이 진화한다.

조류의 부모는 황제펭귄만큼 극단적이지는 않아도 영역권 자원의 부족, 먹이 확보, 포식자로부터의 방위, 동종 멤버의 공격에 대비한 방위 등 여러 가지 어려운 문제를 안고 있다. 이러한 환경에서는 대개의 경우 편친만의 힘으로는 자식을 양육하기 어려우며 암수 간의 협력이 불가피하다고 여겨진다. 다시 말해 암수 모두 자식 양육으로 얻을 수 있는 이득이 자식 양육하지 않는 경우의 이득에 비해 충분히 크다는 것이다. 그리고 그것은 자식 양육에 드는 비용과 상응한다. 그래서 조류는 일반적으로 양친에 의한 자식 양육 혹은 핵가족이 진화한 것으로 본다.

한편 조류에게서는 모친만이 자식 양육에 참여하는 모자 가족이 소수 보이기도 하는데 이 경우도 자식 양육 행동의 이득과 비용의 관점에서 설명이 가능할까? 몇 차례 증거 자료로 소개한 개개비사촌의 번식을 통해 살펴보기로 한다.

자식 양육에서 해방된 수컷도 있다

개개비사촌은 이미 설명한 바와 같이 암컷 혼자 자식을 양육할 수 있는 경우 수컷은 자식을 내버려 두고 다른 암컷과의 번식에 돌입한다. 그런 점에서 이 새의 자식 양육 행동의 이득과 비용을 수컷과 암컷 각자의 입장에서 생각해 보겠다.

우선 수컷에 대해 말하자면 수컷이 아내 곁에 머물면서 아내와 함께 자식을 양육할 경우 거기에 드는 비용 즉, 자식 양육 행동의 비용과 장래의 번식 기회를 잃는 비용에 상응하는 이득을 거의 기대할 수 없다. 왜냐하면 개개비사촌은 암컷 혼자서도 자식 양육이 가능하기 때문에 거기에 수컷이 가세했다고 해서 새롭게 자립하는 새끼의 수가 늘어나는 일은 거의 없다. 만약 늘어난다 해도 아주 적은 수에 불과하다. 이 이득을 '처자 돌보기 이득'이라고 가정하겠다. 반대로 수컷이 처자를 유기한 경우 다른 암컷과의 번식 가능성이 높기 때문에 새로운 번식을 시도할 때의 이득은 충분히 클 것으로 예측된다. 이 이득은 '처자 유기 이득'이라고 가정하겠다.

문제는 이 '처자 돌보기 이득'과 '처자 유기 이득' 중에 어느 쪽이 클 것인가이다. '처자 돌보기 이득'과 관련하여 수컷이 양육에 참여한다 해도 이득이 대폭으로 증가하는 일이 없다고 생각하면 '처자 유기 이득' 쪽이 더 클 것은 거의 의심할 여지가 없다. 개개비의 수컷이 처자를 유기하는 것은 바로 이런 이유 때문이라고 판단된다.

그렇다면 암컷은 어떨까? 문제는 암컷이 남편과 자식을 유기할 경우 그 후에 자식을 얻을 기회가 어느 정도이냐에 달려 있다. 만약 암컷이 수컷처럼 배우자를 쉽게 확보하여 곧바로 다음 생식에 들어갈 수 있고 자식을 얻을 가능성이 높다면 암컷이 부자를 유기하는 길도 열린다. 그러나 암컷은 크고 영양이 풍부한 알을 재생산해야 하는데 이 알의 재생산이 간단하지 않아서 암컷은 여기에 많은 시간과 에너지를 할애해야 한다. 수컷과 달리 배우자와 자식을 유기해도 쉽사리 다음 생식에 들어갈 수가 없는 것이다. 즉, 암컷은 부자를 유기해도 그 이후의 생식 기회를 기대하기 어렵다. 이런 이유에서 조류의 편친 가족은 부자 가족이 아니라 모자 가족이 많이 진화한 것으로 본다.

개개비사촌을 비롯하여 조류는 부모 중 어느 한쪽이 다른 쪽을 유기할 경우 유기하는 쪽은 대부분 수컷이며 암컷이 유기하는 사례는 적은 것으로 알려져 있다.

한편 주조류(走鳥類) 중에는 자식 양육에서 해방되기는커녕 반대로 여러 마리의 암컷이 낳은 알이며 새끼를 몽땅 떠맡는 수컷이 있다. 이것은 수컷으로서는 일견 수지가 안 맞는 역할처럼 보이지만, 실태는 그렇지 않다. 이들 새의 수컷은 앞서 소개한 큰가시고기와 마찬가지로 비용을 크게 늘리는 일 없이 일부다처의 은혜를 향유하고 있다. 즉 이 부자 가족은 수컷으로서는 가장 바람직한 번식 형태를 나타낸다고 말할 수 있다.

포유류는
모자 가족이 기본이다

가정적인 수컷보다 호색형이 유리하다

포유류는 암컷이 젖을 먹여 자식을 기르기 때문에 암컷은 자식 양육에서 자유로워질 수 없다. 그리고 수컷은 젖을 분비할 수 없기 때문에 직접적으로 자식 양육에 참여할 수 없다. 이와 같은 이유 때문에 자식 양육은 거의 오로지 암컷에 의해 이루어진다. 그 결과 포유류는 대부분의 종에서 모자 가족이 진화한다.

그런데 모자 가족 형태로 자식을 양육하는 종일지라도 만약 수컷이 자식 양육에 협조한다면 당연히 암컷은 얼마간의 이익을 얻을 것이다. 그래서 암컷으로서는 수컷의 협력을 바라고 있을지 모른다. 그러나 암컷 혼자서 자식을 양육할 수 있는 경우에는 수컷이 도와주어도 번식 성적은 거의 향상되지 않는다. 다시 말해 수컷에게는 자식 양육의 이익이 적다는 것, 즉 수컷에게는 자식을 양육하는 의미가 그다지 없다는 것을 뜻한다. 또한 자식을 양육하면서 얻게 되는 얼마 안 되는 이득 때문에 다른 암컷과의 생식 기회마저 잃고 만다. 이것은 수컷의 입장에서는 무시하기 힘든 큰 비용이다. 이 경우의 자식 양육에 드는 비용은 이득보다 너무 크다고 할 수 있다.

이런 까닭에 수컷으로서는 아내 곁에 머물면서 함께 자식을 양육하기보다 아내와 자식을 방치하고라도 다른 암컷과의 생식 기회를 추구하는 편이 유리하다. 자연 도태는 이런 경우 마냥 가정적인 수컷보다는 호색형(?) 수컷 쪽으로 기울게 된다.

부친과 헬퍼가 있는
포유류의 가족은 성장한다

포유류에도 소수이긴 하지만 부부가 함께 자식을 양육하는 핵가족과 번식쌍에 혈연자와 비혈연자가 가세하여 자식을 양육하는 확대 가족 또는 혼성 가족이 있다. 그런데 이 경우 수컷이나 헬퍼는 어떤 이유에서 자식 양육에 참여하는 것일까?

수컷과 암컷이 확실한 일부일처로 번식하는 종은 수컷이 포유류라 할지라도 암컷의 자식 양육을 지원하리라 기대된다. 왜냐하면 엄격한 일부일처제에서는 아내 이외의 암컷한테서 자식을 얻기 힘든데다 아내가 낳는 자식이 자신의 핏줄일 확률이 높으므로 아내의 자식 양육을 돕게 되면 결국 자신의 유전자를 이어받은 자식의 생존율과 성장이 좋아지기 때문이다. 실제로 일부일처로 번식하는 프레리밭쥐나 캘리포니아 밭쥐는 수컷이 자식 양육에 정성을 다한다.

이에 비해 위의 밭쥐와 가까운 종 가운데 난혼제(亂婚制)로 번식하는 초원밭쥐나 몬태나밭쥐의 수컷은 자식 양육에 참여하지 않는다. 아마도 아내가 자신이 아닌 다른 수컷의 자식을 낳을 확률이 높고 자식 양육에 투자하는 상당 부분이 무익한 투자가 될 위험이 있기 때문일 것이다. 다시 말해 '자식 양육의 이득÷비용'의 값이 일정 수준에 도달하지 못할 것이기 때문이다.

이리, 코요테, 리카온 따위의 개과 동물은 수컷과 암컷이 일부일처로 생식한다는 점에서 포유류 중에서도 독특한 존재이다. 이들은 번식쌍이 1회 번식으로 많은 자식을 낳는다는 것, 그리고 자식이 오랜 기간에 걸쳐 부모의 보살핌을 받는다는 특징이 있다. 이 점은 다시 말해 번식쌍만으로는 자식을 양육하기 어렵다는 것을 짐작하게 한다. 사실 이들 동물은 번식쌍에 2~7마리의 비번식 개체가 헬퍼로 붙어서 번식쌍의 자식 양육을 돕게 된다. 이러한 개과 동물은 자식의 먹이 확보에 필요한 영역권을 유지하기 위해서, 그리고 실제로 자식을 위한 먹이 획득이 어렵다는 이유로 헬퍼가 필요한 것이다.

헬퍼의 이와 같은 자식 양육 지원은 자식의 생존율을 높이는 것으로 알려졌다. 예를 들면 아프리카에 서식하는 자칼은 헬퍼의 수가 많을수록 자식의 생존율이 높고, 헬퍼가 한 마리 증가할 때마다 살아남아서 성장하는 자식이 평균 1.5마리 증가한다.

아프리카에 서식하는 난쟁이몽구스도 하나의 번식쌍에 헬퍼가 붙어서 자식 양육을 돕는다. 헬퍼에는 수컷과 암컷 양쪽이 있다. 예를 들어 헬퍼는 번식 부모가 먹이를 구하러 외출했을 때 베이비시터로서 새끼를 보살피거나, 번식 집단이 다른 장소로 이동할 때 새끼를 옮기는 등의 일을 하며 자식 양육을 돕는다. 이 밖에 난쟁이몽구스의 헬퍼는 맹금류 등으로부터 새끼를 보호하는 데 큰 힘을 발휘한다. 가령 헬퍼가 세 마리 이하인 경우와 네 마리 이상인 경우를 비교하면 후자 쪽 번식 집단의 새끼가 맹금류의 공격을 받을 확률은 전자의 3분의 1에 불과하다. 그 결과 세 마리 이하의 헬퍼를 가진 번식 집단의 새끼가 포식당할 확률이 70%인데 비해 네 마리 이상의 헬퍼를 가진 번식 집단의 새끼가 포식될 확률은 0%로 새끼의 생존율이 점차 높아진다. 바로 이 점이 위의 종에서 많은 헬퍼를 가진 확대 가족 또는 혼성 가족이 진화한 행동 생태학적 이유라고 본다.

전에 소개한 타마린이나 마모셋원숭이는 암컷이 한 번에 몸집이 큰 새끼를 두 마리나 낳기 때문에 자식을 양육하는 데 다른 개체의 도움이 필요해진다. 실제로 타마린과 마모셋은 부친 이외에도 헬퍼가 자식 양육을 지원하고 자식 양육에 크게 공헌한다. 예를 들어 목화머리타마린은 번식쌍 두 마리가 자식을 양육하는 경우 자식의 생존율이 37%인데 이들 번식쌍에 수컷 헬퍼가 1~4마리 더해진 번식 그룹에서는 자식의 생존율이 70%로 상승한다. 더욱이 번식쌍에 세 마리 이상의 수컷이 헬퍼로서 가세한 다섯 마리 이상의 번식 그룹에서는 자식의 생존율이 100%에 달한다. 이와 같은 현상은 다른 타마린이나 마모셋에게서도 나타난다. 이들 종에는 자식을 운반하는 일을 비롯하여 자식 양육 전반에 걸쳐 헬퍼의 도움을 필요로 한다. 이것이 헬퍼의 진화 혹은 확대 가족이나 혼성 가족의 진화를 촉진시킨 요인이라고 본다.

헬퍼가 얻는 것은 무엇인가

자신의 가능성을 높인다

　　　　　혈연자 헬퍼는 별개로 하고 혼성 가족 내에서 타 개체의 번식을 돕는 헬퍼는 일견 자신의 적응도 향상에 도움이 되는 일을 하는 것처럼 보이지는 않는다. 아니, 오히려 손해되는 일을 하는 것처럼 보인다. 과연 비혈연자 헬퍼는 타 개체의 번식을 도움으로써 손해를 볼까? 아니면 무언가 이익을 얻을까?

　비혈연자 헬퍼가 얻는 이익은 크게 세 가지로 나누어 볼 수 있다. 첫째, 헬퍼로서 자식 양육을 도움으로써 장래 자신의 번식 가능성이 높아진다는 것이다. 구체적으로 말하면 우선 헬퍼는 영역권을 구성할 만한 장소가 부족한 환경 속에서 자식을 양육하는 번식쌍의 영역권 내에 주거지를 확보할 수 있다. 그 결과 헬퍼는 그곳에 있는 먹이 따위의 자원을 이용할 수 있다. 그것은 헬퍼의 생존율을 높이고 최종적으로는 번식의 기회 향상으로 이어진다.

둘째, 헬퍼는 번식쌍의 번식 성적을 높이고 소속된 집단의 멤버 수를 늘리는데 그것은 자신이 소속된 번식 집단이 좀 더 확실하게 여러 가지 자원을 확보하게 한다. 더 나아가 훗날 자신이 그곳에서 번식할 기회를 늘리는 길이기도 하며 장래 배우자를 얻을 기회도 많아진다.

셋째, 새끼를 돌봄으로써 보살핌 받는 새끼와의 사이에 사회적인 연결 고리가 구축되고 훗날 자신이 번식할 때 그들의 지원을 얻게 될 것으로 기대한다. 또 한 가지, 자식 양육 경험을 통해 자식 양육에 대한 노하우를 쌓음으로써 장차 자기 자식을 기를 때 도움이 될 수도 있다.

이렇듯 비혈연자 헬퍼가 얻을 수 있는 각각의 이익을 뒷받침할 만한 증거가 몇 가지 제시되고 있다. 예를 들어 비혈연자 헬퍼의 경험이 자식 양육의 기량을 높인다는 것은 프레리밭쥐를 통해 확인되었다. 헬퍼 경험이 있는 프레리밭쥐는 최초 번식 때 헬퍼 경험이 없는 경우보다 좀 더 높은 수준의 부모 행동이 가능하다. 그 결과 헬퍼 경험자의 자식은 미경험자의 자식에 비해 더 빨리 성장하고 젖 뗄 무렵의 체격도 더 커진다.

영역권 안에서 순응한다

생태학적으로 보아 헬퍼가 등장하는 주요 원인은 영역권을 만들 장소가 부족하다는 점이다. 특히 생활 환경이 안정된 열

대지역과 같은 서식지에서는 개체 수가 최대한의 환경 수용력까지 증가하는 경우가 많아서 영역권 자원을 새롭게 얻기가 어렵다. 특히 경험이 부족한 젊은 개체가 이런 곳에 새로운 영역권을 개척한다거나 다른 개체로부터 영역권을 빼앗는 따위의 일은 기대하기 어렵다. 따라서 젊은 개체는 태어난 영역권 밖으로 분산되지 못하고 부모 곁에 머물면서 헬퍼가 되는 경우가 많다.

동물이 어떤 이유로 어떤 가족을 만드는지 그 이유가 모두 명확한 것은 아니다. 그러나 지금까지의 연구에 의하면 '수컷, 암컷 및 헬퍼가 자식 양육을 할 것이냐 말 것이냐를 결정짓는 판단 기준은 자식 양육에 참여한 경우와 참여하지 않은 경우에 발생하는 각각의 이득과 비용의 상대적 크기이다'라는 설이 유력시되고 있다. 그 수지 결산에 따라서 수컷, 암컷 및 헬퍼의 자식 양육 참여 방법이 정해지고 그 결과 여러 가지 형태의 가족이 생겨난다고 본다.

가족이 이렇듯 자식 양육에 참여하는 개체의 이해관계 위에 성립하는 사회 구조라면 가족은 구성원의 이해 여부에 따라서 안정성에 영향을 받을 수 있다. 만약 가족의 멤버 중 누군가가 자식 양육의 생물학적 수지 결산이 맞지 않는다며 자식 양육에서 손을 떼버린다면 가족은 안정도가 떨어지고 그 형태가 달라질 수도 있다. 최악의 경우 가족의 붕괴가 일어날 가능성도 배제할 수 없다.

여기에서는 이와 같이 가족의 안정성에 영향을 주는 요인에 대해 다루어 보기로 하겠다.

제7장

·

수컷의
행동이 부른
가족의 위기

수컷의 의심증

수컷 새의 추잡한 싸움?

앞서 말했듯이 어떤 종의 동물, 특히 체내생식을 하는 조류와 포유류의 경우 수컷은 아내가 정말로 자신의 자식을 낳았는지 확신할 수 없는 입장에 놓여 있다. 이것이 수컷에게는 단순한 기우가 아니며 조류의 세계에는 이런 일이 일반적으로 발생한다는 것도 소개하였다. 이러한 아내의 바람기는 자신의 유전자를 이어받은 자식을 돌보고 궁극적으로 수컷 자신의 유전자 생존과 성장을 지향하는 생식의 본래 목적에 비추어 생각할 때 수컷에게 무척 중요한 문제이다. 만약 태어난 자식이 혼외 자식임을 알지 못한 채 수컷이 돌보았을 경우 그때까지의 노력은 모두 헛수고가 되고 만다. 수컷은 이 어려운 문제에 어떻게 대처하고 있을까?

혼외 교미가 빈번히 일어나는 조류의 세계에서는 아내가 다른 수컷으로부터 억지로 교미를 강요받거나 바람을 피울 위험이 있을 경우 아내를 보호하며 그 수컷을 쫓아버리거나 아내와 새롭게 교미하는 등의 대응 행동을 취한다. 그중 한 예가 황로와 오리이다. 하지만 그렇게 애를 써도 아내의 혼외 자식 출산을 완전하게 방지하기란 어려운 모양이다. 그럼에도 불구하고 아내가 낳은 자식 중에 혼외 자식이 포함되어 있다는 이유로 수컷이 자식 양육을 완전히 거부하는 사례는 발견된 적이 없다.

그렇다면 수컷은 어째서 자식 양육을 거부하지 않을까? 우선 자식 양육 거부는 자기 자식의 생존과 성장에도 마이너스이기 때문이다. 수컷이 자식 양육을 거부하면 자기 자식의 생존율도 감소할 위험이 있다. 그래서 설령 둥지 안의 새들 가운데 다른 수컷의 자식이 섞여 있다 해도 그들을 포함하여 자신의 자식을 돌보는 것이 그렇게 하지 않는 것보다 수컷에게 이익이 된다. 다만 이러한 보살핌이 수컷의 이익이 되는 것은 둥지 안의 새끼 중 몇 마리가 자신의 자식인가에도 좌우된다. 그 비율에 따라서 아내와 자식을 유기하고 다른 암컷과의 번식을 시도하는 편이 수컷에게 유리할 수도 있다. 그러나 이제까지의 연구에 의하면 돌보는 자식 전부가 혼외 자식이었던 적은 없는 듯싶다. 이러한 연구를 통해 볼 때 혼외 자식이 많은 조류에게도 수컷이 자식을 양육하는 의미는 있다고 생각된다.

본의 아니게 혼외 자식을 떠맡게 되었다 해도 수컷이 그냥 보고만 있을까? 그렇지는 않다. 수컷에게는 혼외 자식 양육이라는 무익한 투자를 보충할 방법이 한 가지 있다. 자신도 지지 않고 다른 수컷의 아내에게 손을 뻗는 것이다. 가령 자신이 양육한 여덟 마리 새끼 가운데 세 마리의 혼외 자식이 포함되었다 해도 자신 역시 다른 수컷의 아내에게 세 마리의 자식을 낳게 하면 혼외 자식을 양육하는 데 들인 무익한 투자는 상쇄된다. 만약 한 마리가 아니라 여러 마리의 혼외 아내로 하여금 넷 이상의 자식을 낳게 하면 그것은 보너스가 되어 수컷에게 이익을 준다.

수컷의 이러한 대처법은 수컷 간에 추잡한 싸움을 초래하게 될 것이다. 하지만 여기서 우직하게 성적인 윤리를 관철시키는 수컷은 결국 경쟁에 패할 뿐이다. 아내 이외의 암컷에게 결코 손을 뻗지 않는 수컷은 자신의 아내에게 더하여 혼외의 아내한테도 자식을 낳게 만드는 '부도덕한 수컷'보다 적은 수의 자식밖에 남기지 못한다. 설사 그렇게 우직한 수컷이 있다 해도, 조만간 우직한 수컷의 우직한 유전자는 소실되고 말 것이다. 유감스럽게도 이렇듯 추잡한 싸움에서는 '부도덕한 수컷'이 우세하리라 예상된다. 일견 일부일처로 번식하는 것 같은 조류에게 혼외 자식이 많이 섞여 있는 까닭은 의외로 수컷 간에 이렇듯 추잡한 싸움이 벌어지고 있기 때문인지도 모른다.

자식 양육에 소홀한 수컷

다른 수컷의 자식을 자기 자식과 함께 양육한다 해도 수컷이 자신과 자식의 유전적 관계에 반드시 둔감하다고는 볼 수 없다. 실제로 수컷의 부모 행동은 수컷 자신과 자식의 유전적 관계, 다시 말해 양육하고 있는 자식이 정말로 수컷 자신의 자식인지 아닌지에 관한 문제에 관여하고 있음을 보여주는 증거가 몇 가지 있다. 또한 수컷이 자신과 자식의 유전적 관계에 '민감'하다는 것을 보여주는 사례가 몇몇 종에게서 관찰되었다.

예를 들어 전술한 밭쥐류는 비교적 엄격한 일부일처제 속에서 수컷은 자식을 양육하지만 난혼제 속의 수컷은 자식을 양육하지 않는다. 그 밖에 많은 설치류의 수컷이나 사자, 회색랑구르, 침팬지의 수컷처럼 자기 자식에게는 공격적으로 되지 않는 수컷도 그 대상이 다른 수컷의 자식일 경우에는 살해를 저지른다고 알려져 있다.

조류에게서도 자식과의 유전적인 유대의 확실함 정도가 수컷의 자식 양육에 영향을 준다는 보고 사례가 적지 않다. 박새의 수컷은 포식자인 올빼미가 나타나면 요란하게 지저귀며 소란을 피워 쫓아버림으로써 둥지를 방어한다. 연구에 의하면 새끼에 대한 수컷의 이러한 방위 행동은 둥지 안에 포함된 자기 자식의 수가 많을수록 강해진다고 한다. 제비의 경우에도 암컷의 혼외 교미 빈도가 낮을수록 수컷의 둥지 방위 행동이 강해진다. 또한 아내와의 교미 횟수가 많을수록 수컷은 더욱 자주 자식에게 먹이를 준다. 반대로 암컷을 남편 이외의 수컷과 좀 더 많은 횟수로 교미시킨 실험을 한 결과 수컷의 자식에 대한 먹이 공급 행동은 줄어들었다. 검은머리쑥새의 경우는 암컷의 혼외 교미가 빈번하게 이루어진 결과 둥지 안의 혼외 자식의 비율이 높아졌다. 연구에 의하면 둥지 안의 새끼가 혼외 자식일 비율이 무려 55%에 달했다. 이것을 혼외 자식이 포함된 둥지의 비율로 따져보니 무려 86%에 이르는 둥지가 혼외 자식을 포함하는 것으로 밝혀졌다. 여하튼 검은머리쑥새의 수컷은 혼외 자식의 비율이 높을수록 새끼에게 주는 먹이의 양을 줄이는 것으로 나타났다. 수컷이 어떻게 혼외 자식의 비율을 추정하는지는 알 수 없지만 이 연구자는 유럽물총새나 제비의 수컷처럼 수정기에 나타나는 암컷의 행동을 토대로 판단할 가능성이 가장 높지 않을까라고 예측한다. 유럽물총새의 수컷은 자신이 그 암컷과 어느 정도의 횟수로 교미했는지에 따라서 새끼에 대한 먹이 공급 행동을 조절한다고 한다. 만약 암컷과 교미할 기회를 갖지 않았다면 수컷은 자식 양육을 하지 않을 뿐 아니라 암컷이 낳은 알을 깨뜨리는 경우도 있다. 제비는 암컷과의 교미 횟수와 그 암컷의 전체 교미 횟수 중 자신의 교미가 어느 정도의 비율을 차지하는가라는 두 가지 기준을 토대로 자식 양육 행동에 들이는 투자를 가감한다고 한다. 이와 같은 현상은 동일한 둥지에 여러 마리의 암컷이 산란하는 홈부리애니 따위의 조류에게서도 볼 수 있다.

수컷 파랑볼우럭의
임기응변식 대응

수컷의 '의심증'이 수컷의 자식 양육에 대한 열의에 영향을 준다는 사실을 가장 명료하게 증명한 사례가 파랑볼우럭이라는 담수어이다. 이 물고기의 수컷은 번식기가 되면 호수 바닥에 영역권을 만들고 그곳으로 암컷을 맞아들여 방란을 재촉한다. 그리고 암컷이 방란하는 동시에 수컷이 방정하여 알을 수정시킨다. 그 후 수컷은 이 알과 거기서 부화한 치어에 대해 부모로서의 자식 양육 행동을 한다.

그런데 이 종에는 이와 같은 '영역권형(型)' 수컷 외에 좀도둑처럼 수정을 노리는 '가로채기형' 수컷이 있다. 가로채기형 수컷의 생식 기회는 암컷이 영역권형 수컷의 영역에 가서 방란하는 바로 그 순간이다. 가로채기형 수컷은 그 순간에 전광석화처럼 빠르게 영역권형 수컷과 암컷 사이에 끼어들어 재빨리 방정한다. 이로써 가로채기형 수컷은 포란된 알의 일정수를 수정시킬 수 있다.

여기서 문제가 되는 것은 영역권형 수컷의 자식 양육 행동이다. 과연 다른 수컷의 자식이 섞인 자식들을 영역권형 수컷은 아무 의심도 없이 돌보는 걸까? 그래서 어느 연구자가 이런 실험을 했다. 우선 실험용 수조 안에 영역권형 수컷과 암컷을 넣고 방란과 방정을 유도한다. 단, 이때 한 그룹의 수컷에게 물이 담긴 투명 용기를 내민다. 그리고 또 한 그

룹(실험 그룹)의 수컷에게는 물이 담긴 용기 안에 가로채기형 수컷을 넣어 내민다. 이것은 영역권 수컷이 방정하기에 앞서 알의 수정을 노리는 가로채기형 수컷이 서성인다는 것, 다시 말해 이후에 돌볼 자식 중에 남의 자식이 어느 정도 섞여있다는 것을 영역권 수컷에게 '알리기 위한' 실험적인 구조이다.

실험 결과는 무척 흥미로웠다. 첫 번째 그룹의 수컷은 알에 대해서도 또한 거기서 부화한 치어에 대해서도 보통의 수컷이 행하는 부모 행동을 하였다. 그런데 두 번째 그룹의 수컷은 이와 다른 반응을 보였다. 그들은 알에 대한 보살핌을 조절하고 자식 양육 행동을 줄였던 것이다. 이 사실은 수컷이 수정란 중에 남의 자식이 섞여 있을 가능성을 자신의 눈으로 직접 목격한 경우 자식 양육을 삼간다는 것을 시사한다.

그런데 그 후 부화한 치어에 대한 수컷의 행동은 매우 흥미로웠다. 실험 그룹의 수컷은 의외로 치어에 대해서는 알을 대할 때보다 열정을 담아 돌보았던 것이다. 이것은 일견 이해하기 어려운 행동처럼 보이지만 실은 그렇지가 않다. 왜냐하면 수컷은 치어가 자신의 자식인지 아닌지 후각을 통해 구분할 수 있기 때문이다. 그 상세한 메커니즘은 알 수 없지만 아마도 수컷은 치어가 배설하는 오줌 따위의 냄새를 단서로 하여 자신의 자식을 인식하는 것이라고 추측된다.

어쨌든 실험 결과가 나타내는 것은 처음에는 수컷 자신이 돌보는 알에 아무래도 다른 수컷의 알이 섞여 있는 것 같다고 '판단'되어 양육 행동을 조절했는데 나중에 치어의 냄새를 맡아 본 결과 틀림없는 자기 자식이라는 생각이 들어서 열심히 양육하게 되었다는 것이다.

수컷 파랑볼우럭의 실험을 포함하여 여기에 소개한 관찰 또는 실험 결과는 적어도 어느 종의 동물은 수컷이 돌보는 자식 중에 자기 자식이 얼마나 포함되어 있느냐에 따라 양육 행동을 조절한다는 것을 보여준다. 수컷이 양육하는 자식 중에 혼외 자식이 섞여 있는지 아닌지, 즉 아내가 바람을 피우는지 아닌지가 수컷의 가족에 대한 열의에 영향을 주는 중요한 요인이라는 것이다. 그것은 또한 핵가족이나 확대 가족의 내부 갈등의 요인인 동시에 가족의 균열을 초래하는 요인이 되기도 한다.

가족 간의
이해 대립

수컷의 의심증 외에도 가족의 내분을 유발하는 요인이 있다. 그것은 자식 양육에 관련된 개체 간의 이해 차이와 대립이다.

자식 양육을 위해
수컷을 묶어두려는 암컷

유럽물총새의 수컷과 암컷은 자식 양육을 둘러싸고 상당히 미묘한 이해관계에 놓여 있다. 이 새의 수컷은 다른 일반적인 수컷과 마찬가지로 일부다처를 추구하며 수컷 간에 경쟁을 벌인다. 그 결과 수컷의 일부는 일부이처를 실현한다. 그러나 대부분의 수컷은 의도대로 일을 성사시키지 못하고 일부일처에 만족하며 번식한다. 가여운 쪽은 암컷을 전혀 확보하지 못한 일부의 수컷이다. 이들은 일부이처를 실현한 수컷의 여파로 인해 단독으로 한 마리의 암컷을 확보할 수 없다. 그 결과 이들은 수컷 두 마리가 암컷 한 마리를 공유하며 일처이부로 번식하게 된다. 이리하여 이들 세계에서는 일부이처, 일부일처, 일처이부라는 세 가지 형태의 혼인 관계가 나타난다.

이 가운데 수컷이 남기는 자식의 수는 '일부이처〉일부일처〉일처이부'의 순이다. 이것은 말하자면 수컷에게 바람직한 혼인 형태의 순서이다. 한편 암컷의 번식 성적은 좀 더 많은 자식 양육을 기대할 수 있는 순서대로 '일처이부〉일부일처〉일부이처'가 된다. 여기서 알 수 있듯 수컷과 암컷의 이해는 서로 차이를 보인다.

이해 대립은 이성뿐 아니라 동성 간에도 나타난다. 그중 한 가지는 일처이부 속 수컷 간의 이해 대립이다. 이 두 수컷은 암컷 한 마리를 독점하고자 싸운다. 이때의 싸움은 무척 격렬해서 두 수컷은 서로를 심하게 쪼아댄다. 드물기는 하지만 어느 한쪽이 목숨을 잃는 경우도 있다. 싸움에 생활 시간의 절반을 소비하기도 한다.

싸움의 결과 대개 두 수컷 사이에는 순위가 정해지고 순위가 높은 제1수컷이 좀 더 많은 교미를 한다. 제2수컷은 그보다 적은 횟수로 교미하는 수밖에 없다. 수컷의 교미 횟수는 수컷의 자식 수에 반영되기 때문에 두 마리의 수컷은 가능한 한 교미 횟수를 조금이라도 더 늘리고자 격전을 벌인다. 만약 여기서 두 수컷 간에 힘의 차이가 커서 제2수컷이 교미 기회를 놓치게 되면 앞에서 말했다시피 제2수컷은 그 후에 산란

된 알이나 부화한 새끼를 양육하지 않는다.

이렇게 되면 피해는 일처이부의 암컷에게도 전해진다. 모처럼 수컷 두 마리의 양육 협력을 얻어 가장 바람직한 형태에서 번식할 수 있겠거니 기대했는데 제2수컷이 물러남으로써 일부일처의 암컷과 똑같은 입장으로 돌아가고 만 것이다. 수컷 한 마리의 양육 협력은 수컷 두 마리의 협력에 미치지 못한다. 당연히 길러내는 자식의 수도 일처이부에 비해 적을 수밖에 없다. 그래서 이 암컷은 제1수컷의 눈을 피해 제2수컷에게 접근하여 적극적으로 교미를 유도한다는 것이 보고되었다. 이것은 자식 양육에 공헌할 제2수컷을 자신 곁에 묶어두려는 암컷의 전술로 여겨진다. 참새의 새끼 살해에서 소개한 바와 같이 암컷에게는 자식 양육에 공헌할 수컷을 확보하는 일이 이렇듯 큰 의미로 작용한다.

비혈연 헬퍼의 불만

한 마리의 번식 암컷(여왕)을 중심으로 지하 터널 생활을 하는 벌거숭이뻐드렁니쥐에게도 가족 내분의 불씨가 존재한다. 그것은 다름 아닌 여왕의 번식을 돕는 헬퍼 속의 비혈연자 헬퍼이다. 혈연자 헬퍼는 여왕과 어느 정도 비슷한 유전자를 공유하기 때문에 여왕의 번식을 도움으로써 자신의 유전자를 남길 수 있다. 따라서 이들 혈연자 헬퍼의 원조는 단순한 노동이 아닌 셈이다. 그러나 비혈연자 헬퍼는 이 루트를 통한 유전자 증식을 기대할 수 없다. 비혈연자 헬퍼는 어떤 계기로 여왕의 지위를 이어받거나 수컷 헬퍼라면 기회를 잡아 여왕과 교미하는 일 말고는 자신의 유전자를 남길 수 있는 길이 없다. 만약 이러한 루트를 통한 유전자 증식이 불가능하다면 비혈연자 헬퍼의 노력은 그저 단순한 노동에 그치고 불만도 쌓일 것이라 예상된다.

벌거숭이뻐드렁니쥐의 사회에서는 같은 헬퍼라도 여왕과 혈연관계에 있느냐 없느냐에 따라 활동의 정도가 달라진다는 것이 확인되었다. 즉 혈연자 헬퍼는 대개 작업 태도가 좋아서 터널을 파거나 먹이가 될 땅속줄기를 모으는 등 작은 체구이면서도 열심히 움직여 일한다. 이에 비해 비혈연자 헬퍼는 몸집은 크지만 자주 게으름을 피운다. 양자의 이러한 차이는 여왕이 없을 때 더욱 뚜렷하게 나타난다. 실험적으로 여왕을 이 번식 집단에서 잠시 빼내자 혈연자 헬퍼는 체중이 줄 정도로 열심히 일하는 데 비해 비혈연자 헬퍼는 '기회는 이때다'라는 듯이 한층 더 게으름을 피운다. 물론 체중이 줄어드는 일도 없다.

그런데 여왕은 마치 이런 일을 다 꿰뚫어 보고 있는 양 평소 헬퍼의 행동에 주의를 기울인다. 여왕은 평균 16분에 한 번꼴로 터널 안을 순회하며 헬퍼의 일하는 태도를 점검하는 듯싶다. 여왕은 순회 중에 일하는 태도가 나쁜 헬퍼를 발견하면 그 헬퍼를 쿡쿡 찌르며 일을 시키기 때문이다. 실험적으로 보금자리를 마련하였는데 그곳으로 먹이를 가져오는 헬퍼는 무사하지만 만약 빈손으로 올 경우 세 마리 중 한 마리는 여왕의 공격을 받는다. 특히 번식 집단에서 빼내왔던 여왕을 다시 제자리로 가져다 놓으면 여왕은 마치 자신이 집을 비운 사이에 누가 어느 만큼 일을 잘했는지 다 아는 것처럼 게으름 피운 비혈연자 헬퍼를 집을 비우기 이전의 5배 가까이나 쿡쿡 쑤시며 공격했다. 한편 일을 열심히

한 혈연자 헬퍼에게 특별히 공격을 늘리는 일은 없었다.

이런 연유에서 벌거숭이뻐드렁니쥐의 혼성 가족은 여왕과 헬퍼 사이, 특히 여왕과 비혈연자 사이에 이해의 대립이 있고 그 대립의 여하에 따라 가족에게 잔물결 또는 큰 파도가 일 것으로 예상할 수 있다.

배신자에 대한 징계

시클리드과 틸라피아 물고기의 한 종에게서는 헬퍼의 배신이 번식 개체의 격렬한 징계를 불러일으킨다는 사례가 보고되었다. 이 종은 아프리카의 탕가니카 호에 서식하는 작은 물고기로 몸길이가 4cm 정도에서 성 성숙하는데, 완전하게 성장하면 몸길이가 약 7cm 정도가 된다. 번식 때 수컷과 암컷은 번식쌍을 이루고, 직경 25cm 정도의 영역권을 확보하여 번식한다. 번식쌍은 그 후에도 같은 영역권에서 2~4개월 간격으로 번식을 반복한다. 번식쌍은 산란 후 바위 표면에 낳아놓은 알에게 신선한 물을 보내거나 산란 장소의 모래 알갱이 따위를 치우고 알이나 부화한 치어를 방위하는 등 자식 양육에 힘을 쏟는다.

이 물고기는 장성한 자식의 일부가 둥지에 남아 헬퍼로서 부모의 번식을 돕게 된다. 이러한 헬퍼의 자식 양육 지원은 부모의 섭식 기간을 늘리고 결과적으로는 산란 수를 4배 이상이나 증가시킨다. 헬퍼에게도 혈연이 있는 동생이 늘어나는 셈이므로 환영할 만한 일이다.

그런데 한 가지 문제가 있다. 그것은 종종 번식쌍의 한쪽 또는 양쪽이 사망하고 그곳에 비혈연자인 다른 성어(成魚)가 들어와서 번식을 개시할 때의 일이다. 그러면 기존의 헬퍼가 미처 성 성숙하지 않은 경우 결과적으로 헬퍼로서 그 비혈연자의 번식을 돕게 된다. 이것은 그곳에 새롭게 들어온 번식 개체에게는 환영할 만한 일이지만 원래 있던 헬퍼로서는 자신의 혈연 도태를 통한 번식의 이익이 감소하는 것이기에 불만의 씨앗이 된다. 그래서 이와 같은 기존의 헬퍼가 성 성숙했을 경우에는 번식쌍 중 한쪽과 번식을 시도한다 해도 이상한 일이 아니다. 하지만 그것은 번식자의 입장에서는 받아들일 수 없는 큰 문제이다. 여기에 이르러 양자의 이해가 대립하게 된다.

어느 연구자가 이러한 번식 개체와 헬퍼의 이해 대립에 관심을 가지고 실험을 개시하였다. 수조에 번식쌍 그리고 그들과 혈연이 없는 헬퍼를 함께 집어넣어 7개월 동안 행동을 관찰하였다. 우선 헬퍼가 아직 성 성숙 이전의 작은 물고기일 때는 특별한 변화가 관찰되지 않았다. 헬퍼

는 자신의 부모를 돕는 것과 마찬가지로 번식쌍을 도왔는데 헬퍼 중 일부가 자라서 성 성숙하자 스스로 번식을 시도하게끔 되었다. 즉 수컷 헬퍼는 번식쌍의 방란 및 방정에 맞추어 자신도 방정하고 알의 일부를 수정시켰다.

그렇지만 번식쌍의 입장에서는 배신이라고도 할 수 있는 헬퍼의 이런 행동을 그냥 두고 볼 수는 없는 일이다. 배신 번식을 시도한 헬퍼 중 한 마리는 배신 번식을 감행한 그 날 오전 중에 번식쌍의 공격을 받아 사망한 채 발견되었다. 다른 번식쌍에 딸려있던 헬퍼도 같은 운명을 맞이하였다. 또 다른 한 헬퍼는 죽음만은 면했지만 그 후 번식쌍으로부터 끊임없는 공격을 당하게 되었다. 그것도 날이 갈수록 격렬해졌다. 그 때문에 배신 헬퍼는 영역권 내의 알에게 접근하는 것은 물론 영역권 안에 들어오는 것조차 허락받지 못하고 영역권 주변에 머무는 것이 고작이었다. 또한 이 헬퍼는 번식쌍이 다음 번식을 이행했을 때도 알에게 다가갈 수 없었다. 이렇듯 헬퍼의 배신에 대한 번식쌍의 응징은 무척 가혹하다.

먹이 부족이
부르는 참사

지금까지 설명한 바와 같이 가족은 먹이 부족이나 포식자에게 잡아먹힐 위험 등 외부의 갖가지 생태학적 위협에 시달리고 있다. 그뿐만 아니라 암컷에 대한 수컷의 의심증 및 암수 간의 이해 대립, 번식 개체와 헬퍼 간의 이해 대립 등 내부에서부터 가족 관계를 와해시키는 불안정 요소도 안고 있다. 그 결과 가족 멤버 간의 유대가 약해지고 멤버 간에 균열이 생기거나 또는 일부 멤버를 잃고 가족이 붕괴하는 따위의 위험에 휩싸인다.

둥지에서 발생한 참극

알이나 새끼를 돌보는 동물은 여러 가지 이유에서

도중에 자식 양육을 중단하고 알이나 새끼를 유기하는 경우가 있다. 자식 양육에 영향을 주는 요인은 여러 가지가 있지만 그중에서도 중요한 요인은 포식자에게 잡아먹힐 위험과 먹이의 양이다.

대개 초식동물의 새끼가 포식의 대상이 되지만 반드시 그런 것도 아니다. 다른 동물을 포식하는 육식동물의 새끼가 포식의 대상이 되는 경우도 드물지 않다. 치타, 하이에나, 리카온, 자칼과 같은 육식동물뿐 아니라 초원의 최강 포식자로 불리는 사자의 새끼도 포식의 대상이 되는 때가 있다. 그런 의미에서 자식 양육 중인 사자의 어미가 새끼의 뒷덜미를 물고 좀 더 안전한 장소로 옮기는 모습이 종종 목격된다.

새끼에게 주는 먹이의 양도 가족에게 큰 영향을 끼친다. 자식 양육 기간에 먹이 부족에 직면하는 동물은 예를 들기 어렵지 않다. 대부분 동물의 부모는 새끼의 먹이를 확보하느라 골머리를 앓는다. 먹이 부족 때문에 자식의 생존과 성장이 어려워지고 자식의 일부를 잃어버리는 동물도 많이 있다. 이런 때 동물의 부모는 자식 양육을 지속할 것인지 말 것인지에 관하여 중대한 결단을 내려야 한다.

예를 들어 육식 맹금류인 큰매는 자식에게 먹일 들쥐나 뱀 따위의 먹이가 부족한 상황에 직면하는 때가 종종 있다. 배가 고픈 새끼 매는 부모한테서 먹이를 얻어내고자 필사적이 된다. 앞에서도 설명했다시피 이럴 때는 새끼들끼리 서로 공격하여 형제자매 간에 죽고 죽이는 일이 벌어진다. 그런데 여기에 그치지 않고 경우에 따라서는 부모가 자식을 죽이기도 한다. 〈아사히신문〉의 기사를 인용하면 홋카이도의 도카치 지방에 서식하는 큰매한테서 부모가 자식을 살해하는 예가 관찰되었다. 사연인 즉, 1996년 어느 큰매의 둥지에 새끼 네 마리가 부화하였는데 새끼들이 부화한 날짜는 각기 달랐다. 그 당연한 결과로 늦게 부화한 새끼 매는 성장이 느리고 일찍 부화한 형이나 누나에 비해 체격면에서 상당히 뒤처진다. 그 때문에 부모가 주는 먹이를 차지하기 위한 경쟁에서도 밀려나기 일쑤이다. 게다가 이 작은 새끼 매는 형이나 누나로부터 부리로 공격을 당한다. 작은 새끼 매는 거기에 저항하지 못하고 그저 그들의 공격을 피하기 위해 도망 다니는 수밖에 없다.

부모가 둥지에 돌아온 것은 그와 같은 막내에 대한 괴롭힘이 한창일 때였다. 형제들 간의 다툼을 목격한 부모는 다른 맹금류가 그렇듯 사이에 끼어들어 싸움을 말리는 일은 하지 않는다. 보통 부모는 그것을 무시하고 내버려 둔다. 그런데 이 경우는 좀 달랐다. 부모는 그 작은 새끼를 부리로 물어 둥지 가장자리로 가져가더니 놀랍게도 그 새끼를 부리로 마구 쪼아 뜯는 것이었다. 그리고 그 쥐어뜯긴 새끼 매를 나머지 새끼들에게 가져다주었다. 이리하여 작은 새끼는 20분도 지나지 않아 무참하게도 형제자매의 위 속으로 들어가 버렸다.

인간의 감정으로는 도저히 이해하기 힘든 이 참극은 먹이 부족이 원인인 것으로 지적되고 있다. 조사에 의하면 1996년 이 지방에 서식하는 큰매 둥지의 새끼 수는 평균 세 마리였으나 이듬해에는 위의 사례에 등장한 둥지도 포함하여 새끼를 네 마리 이상 부화시킨 둥지가 166개 중 2%에 불과하였다. 이듬해에는 전년보다 먹이가 더 부족했던 듯싶다. 부모가 둥지로 가져오는 먹이의 양이 전년도보다 적은 것으로 밝혀졌기 때문이다. 설상가상으로 자식 살해가 관찰되기 하루 전날 강한 비가 쏟아졌기 때문에 새끼에게 줄 먹이가 많이 부족했을 가능성이 있다. 아마도 이러한 먹이 부족이 한계점을 초월했기 때문에 부모는 세 마리 새끼의 생존, 성장을 위해 한 마리를 희생시키는 과혹한 판단에 내몰렸을 것으로 추측된다. 하지만 아무리 그렇더라도 부모가 자기 자식을 죽이고 그 죽은 자식을 나머지 자식의 먹이로 내어주는 이 참극은 충격이 아닐 수 없다.

이렇듯 포식의 위험과 먹이 부족 때문에 자식이 죽음에 이르는 일은 자연계에서는 일반적으로 일어나는 현상이지만 이러한 상황에 직면했을 때 어떤 동물은 나머지 자식의 양육을 도중에 중단하고 자식을 유기하기도 한다. 예를 들어 큰곰의 어미는 두 마리의 새끼 곰 중 한 마리가 사망하면 남은 한 마리의 양육도 포기하는 경우가 있다. 남아메리카에 서식하는 대형의 설치 동물인 뉴트리아의 어미도 자식의 수가 일정 수준보다 적으면 자식을 버리는 사례가 보고되었다. 마찬가지 사례를 조류에게서도 볼 수 있다. 쇠오리를 대상으로 실험한 바에 의하면 쇠오리의 새끼 중 일부를 둥지에서 빼내면 어미는 나머지 새끼를 둥지째 내버린다는 것이 확인되었다. 이렇듯 자식을 버린 결과 모자 가족은 붕괴하고 자식의 생존과 성장은 커다란 위험에 처한다.

자식을 버리는 부모

부모 자신의 편의 때문에 자식을 유기하는 동물도 있다. 흰물떼새가 그중 한 예이다. 이 새는 부모, 특히 암컷이 종종 자식이나 남편을 버리고 다른 수컷과 다음 생식을 시도하는 사례가 관찰된다. 이 일을 계기로 흰물떼새의 핵가족은 붕괴되고 버려진 수컷이 부자 가족의 형태로 자식 양육을 지속한다.

이렇듯 흰물떼새에게서 모친이나 부친에 의한 가족 유기가 종종 발생하는 이유는 첫째, 편친 가족이라도 새끼를 양육하는 것이 가능하다는 점과 관련이 있다. 또한 가족을 버린 수컷이나 암컷이 상당한 확률로 다른 배우자와 재차 생식할 수 있다는 점도 가족 유기가 발생하기 쉬운 이유이다. 다만 이 종에게서는 재생식의 기회가 수컷보다 암컷 쪽이 많다. 흰물떼새는 암컷보다 수컷의 수가 많아서 수컷 과잉 상태가 되어 있기 때문이다. 그래서 이 물떼새의 암컷은 가족을 버린 후 수컷보다 높은 확률로 다음 배우자를 찾아내고 재생식의 기회를 얻을 수 있다. 이런 까닭에 이 물떼새는 암컷이 남편과 자식을 버리는 경우가 수컷이 아내와 자식을 버리는 경우보다 높은 빈도로 발생한다. 이 물떼새에게서 부자 가족이 많이 나타나는 것은 바로 이와 같은 이유 때문이다.

재생식의 기회 외에 부모의 건강 상태도 자식이나 가족을 버리는 원인이 된다. 특히 자식 양육을 달성할 수 없을 만큼 부모의 건강 상태가 열악한 경우 부모는 자식을 도중에 단념하기도 한다. 남반구에 서식하는 큰섬새나 킹펭귄도 그중 한 예이다. 이들은 자식 양육을 지속하기보다 자기 자신의 생존 쪽이 더 절박하기 때문에 자식 양육을 포기하고 자식을 버린다고 한다.

실험에 의하면 숲쥐의 어미는 먹이가 부족할 경우 자식 중 일부를 버리는 것으로 밝혀졌다. 숲쥐의 어미도 다른 포유류의 어미와 마찬가지로 자식이 태어나면 품에 안고 보온하거나 수유하며 양육에 힘쓴다. 또한 실험적으로 새끼 쥐를 빼내어 둥지 밖에 내다놓자 새끼 쥐를 다시 둥지 안으로 데려와 보살피는 것을 알아냈다. 그런데 먹이 부족으로 인하여 몸 상태가 시원찮은 어미 쥐는 둥지 밖의 새끼를 다시 데려오는 일을 게을리할 때가 있다. 이와 같이 방치하다시피 한 새끼 쥐는 체온이 떨어져서 성장이 멈출 뿐 아니라 때로는 사망에 이를 때도 있다.

동물의 수컷과 암컷은 '좀 더 많은 자식을 남겨야 한다'는 자연이 부과한 과제에 응하기 위해 번식에 관한 여러 가지 성질을 발달시켜 왔다. 자식을 보호하고 기르는 자식 양육도 그것 때문에 발달한 번식 방법의 한 가지이며 여기서도 수컷과 암컷은 자신의 번식 성적을 최대한으로 높이기 위해 각자의 입장에 맞춘 여러 가지 성질을 발달시켜 왔다.

그렇다면 우리 인간의 남자와 여자는 어떠할까? 인간의 남자와 여자는 수컷으로서 또는 암컷으로서 어떻게 번식에 임하며 어떤 수컷 또는 암컷으로서 진화해 왔을까? 남자와 여자의 성적(性的) 특징을 분석함으로써 이를 추적해 보기로 한다.

제8장

•

수컷과 암컷은
무엇이 다른가

행동·심리로 보는
남자와 여자

남자와 여자의 성(性) 활동

　　　　　포유류의 수컷을 비롯하여 동물의 수컷은 일반적으로 암컷에 비해 성적으로 활발하면서도 적극적이다. 이것은 인간도 마찬가지이다. 예를 들어 캘리포니아 대학의 학생들을 대상으로 조사한 바에 의하면 일정 조건 아래 이성과의 성행위를 바라는 남학생의 수는 마찬가지로 그것을 바라는 여학생의 수보다 4배나 많았다. 한편 같은 조건 아래서의 성행위는 절대 하지 않겠다는 여학생의 수는 남학생보다 2.5배 많았다. 요컨대 성행위 자체에 대해 남자는 좀 더 적극적이고 강한 욕망을 지니고 있는 데 비해 여자는 좀 더 신중히 대처한다는 결과가 나온 것이다.

　또한 남학생은 이성과의 관계가 영속적이든 일시적이든 간에 상관없이 성행위에 대해 높은 적극성을 나타낸 데 비해 여학생은 상대와의 관계가 일시적일 때는 성행위에 신중하지만 상대와의 관계가 영속적인 경우에는 좀 더 적극적인 태도를 표명하였다. 이와 같은 결과는 인간의 자식 양육에는 오랜 기간이 걸리며 또한 남편의 장기간에 걸친 협력이 필요하다는 것, 따라서 그 협력을 얻을 가능성이 낮은 경우 여자는 성행위에 대해 신중해진다는 것을 보여준다. 즉, 이 결과는 암컷으로서의 여자의 성질을 반영한다고 볼 수 있다.

배우자를 선택하는 행위

성행위에 대한 남녀별 태도의 차이는 이성을 선택하는 성질과도 관련이 있다. 남자는 성적인 바람을 채우는 데 있어서 특정 상대에 연연하지 않는 경향이 있다는 것이 여러 가지 조사를 통해 밝혀졌다. 이것은 좀 더 많은 이성과의 성적 행위에 의해 번식 성적이 향상되는 수컷으로서의 성질을 반영한다고 해석할 수 있다. 이에 비해 여자는 배우자를 선택함에 있어 남자보다 신중하다고 알려져 있다. 이 것은 이성을 신중하게 선택함으로써 번식 성적이 향상되는 암컷의 성질을 반영하는 행동적 성질이라고 할 수 있다.

그러나 생애의 반려자로서 이성을 찾을 때는 남자 역시 무분별하게 상대를 정하지는 않는다. 여자만큼 신중하고 주의 깊지는 않을지 모르지만 남자도 신중하게 결혼 상대자를 고른다. 이것은 결혼 후에 남자가 아내에게 막대한 양의 투자를 하는 것과 관련이 있다.

물론 귀뚜라미의 예에서 보았듯이 수컷이 생식을 통해 큰 투자를 하는 경우 수컷 또한 신중하게 암컷을 선택한다. 인간의 경우도 마찬가지여서 남자는 여자의 여러 가지 자질이나 조건을 고려하여 자신에게 어울린다고 생각되는 여자를 고른다.

인간의 배우자 선택과 관련하여 연령이나 용모 따위의 구체적인 육체적 특징에 대한 연구 보고도 있다. 예를 들어, 문화가 다른 여러 사회를 비교 조사한 바에 따르면 남자는 젊고 예쁜 여자에게 매력을 느끼는 것이 분명하다. 아프리카의 키프시기스족을 대상으로 실시한 연구 결과에서도 여자가 젊을수록 남자가 결혼 상대에게 주는 혼인예물이 많은 것으로 나타났다. 젊음과 미모는 남자의 번식 성적을 높이는 요소라고 여겨지기 때문에 남자의 이 선택은 행동생태학적으로 보아 옳은 판단이라 할 수 있다. 한편 여자는 다소 나이가 위인데다 경제력이 있는 남자에게 끌리는 것으로 나타났다. 이 가운데 경제력은 여자의 번식에 있어서 중요한 의미를 갖는다고 생각된다. 실제로 요무츠족 사회에서는 유복한 남자와 결혼한 여자가 빈곤한 남자와 결혼한 여자보다 많은 자식을 얻는 것으로 보고되었다. 여기서 알 수 있듯 여자가 좀 더 유복한 남자를 선택하는 것은 행동생태학적으로 볼 때 현명한 선택이라 할 수 있다.

남자와 여자는 의외로 유전자의 '붉은 실'에 이끌릴 가능성도 지적되고 있다. 이 점은 주요 조직 적합 복합체 'MHC'라는 유전자 연구에서 밝혀졌다. MHC는 인간의 면역 기능을 담당하는 유전자 군(群)으로 사람에 따라 그 유전자구성(형)이 다르다. 결혼한 부부를 대상으로 유전자형의 차이를 비교한 결과 남편과 아내의 MHC 유전자형의 차이는 상당히 큰 것으로 나타났다. 즉 남자와 여자는 피차 자신의 MHC 형태와 다른 상대를 고른다는 것이다. 이러한 배우자 선택은 면역적으로 다양한 자식을 얻을 가능성이 있으며 결국 자식의 면역 기능이 높아지는 것을 의미한다. 그와 동시에 남자와 여자가 의식하고 안 하고를 떠나서 서로에게 생물학적으로 폐해가 있는 근친결혼을 회피한다는 것을 보여 준다.

인간의 배우자 선택은 문화에 따라서도 영향을 받는다. 예를 들어 남자는 어떠한 체형의 여자를 선호하는가에 대한 연구 결과 서양 사회에서는 허리가 가늘고 엉덩이가 큰 여성에게 끌리는 것으로 나타났다. 그러나 서양 문화의 영향을 전혀 받지 않은 페루 마젠카족의 요미바트 사회에서는 허리 사이즈가 좀 더 큰 여성에게 매력을 느낀다. 어느 정도 서양 문화의 영향을 받고 있는 시페티리아촌에서는 남자의 여자 선호가 이 양자의 중간에 위치한다는 것을 알게 되었다.

인간의 배우자 선택에 영향을 주는 요인은 여자의 생리 주기를 포함하여 그 밖에도 몇 가지가 지적되고 있다. 그런 까닭에 남자와 여자의 배우자 선택은 주의 깊게 검토될 필요가 있다.

남자의 질투

제2장에서도 설명했지만 체내 생식을 하는 동물의 수컷은 수정한 암컷이 과연 자신의 자식을 낳아 줄 것인지 확신하기 어

렵다. 또한 그러한 동물의 수컷은 자칫 다른 수컷의 자식을 기르는 어리석음을 피하기 위해 몇 가지 대책을 강구한다는 것도 알았다. 사실 이것은 인간에게도 적용된다.

아내의 외도를 막는 대책 중 한 가지로서 주목받는 남자의 성질은 의외일지 모르지만 바로 '질투(嫉妬)'라는 심리 메커니즘이다. 질투라는 한자는 양쪽 모두 '계집 녀(女)'라는 변(邊)이 붙어 있다. 이 점에서 자칫 질투는 여자의 전매특허인 것처럼 여겨지기 쉽다. 그러나 그것은 대단한 착각이다. 남자는 자신의 아내에게 예민한 시선을 보내며 감시하거나 여러 가지 이유를 들어 아내의 행동을 규제하고 또는 불안에 휩싸여 아내의 행동을 견제하기도 한다. 여러 가지 조사에 의해 인간의 남자는 아내의 이성 관계에 무척 예민하며 질투 또한 깊다는 것을 알게 되었다.

이와 같이 아내에 대한 직접적인 공작에 더하여 남자는 정조대(貞操帶)를 이용하여 아내의 성행위를 생리적으로 저지하는 등 난폭한 방법까지 구사한다. 사춘기에 들어선 소녀에게 음부 봉인 및 음핵 절제를 실시하여 결혼 전 여자의 성행위를 방지하는 사회도 있다. 오늘날에도 이와 같은 일을 당하는 여자가 아프리카 일부의 이슬람교 국가를 중심으로 매년 200만 명에 이른다는 보고도 있다. 그 밖에 후드로 여자의 얼굴을 가리는 관습을 내세워 규제하거나 처녀 테스트나 정조 보증인 제도를 마련하여 여자의 혼전 및 혼외 성행위를 방지하는 사회도 있다. 여자의 부정행위에 법적으로 엄격한 벌칙을 적용하는 국가도 많이 있다.

이렇듯 여자에 대한 남자의 의심증은 때때로 아내에 대한 폭력이나 살인으로까지 이어진다. 미국의 디트로이트 시에서는 1972년에 남녀 간의 성적인 질투심으로 인한 살인 사건이 58건 발생하였는데, 이 가운데 남자의 질투심 때문에 발생한 살인 사건은 80%가 넘는 47건이나 되었다. 이에 비해 여자의 질투가 원인이 되어 일어난 살인 사건은 11건이었다.

법치 국가에서는 어떤 이유에서든 사람을 살해하는 것은 중죄에 해당하며 이 죄를 저지르면 사회적으로 사형에 버금가는 처벌을 받는다. 이 점을 충분히 주지하고 있는 가운데 남자의 질투심 때문에 발생한 살인 사건이 이토록 많다는 것은 고려해 볼 가치가 있다. 일생을 망칠 정도의 범죄를 감행하게 만드는 남자의 성적 질투는 이것이 생물학적으로 중요한 기능을 수행해 왔음을 시사한다.

남자의 강한 질투는 인간의 남자가 동물계에서 가장 많은 시간과 에너지를 자식 양육에 투입하는 것과 표리 관계에 있다고 본다. 즉 남자의 자식 양육은 비용이 뚜렷하게 크기 때문에 자식 양육의 수지 결산이 '이득(B) − 비용(C) 〉 0'가 되려면 B가 충분히 커져야 한다. 이 점에서 아내의 바람기는 B의 감소를 불러올 위험한 인자이다. 만약 아내의 바람기가 원인이 되어 B의 값이 감소하고 'B − C 〈 0'가 되면, 남자에게 자식 양육 행동은 진화하지 않았을 것임에 틀림없다. 남자는 많은 포유류의 수컷과 마찬가지로 오로지 다음 여자를 구하는 데 시간과 에너지를 기울이게 되었을 것이다. 혹은 폴리네시아 사회의 남자처럼 아내가 낳은 자식의 양육을 포기할지도 모른다. 이들 사회에서는 젊은 남녀의 성적인 관계가 무척 자유롭기 때문에 아내가 낳은 아이가 자신의 핏줄인지에 관한 의문이 생겨난다. 그래서 남자는 아내가 낳은 자식을 돌보는 대신 일정한 유전적 연결 고리가 있는 여자 형제의 자식(조카나 질녀)을 돌본다. 여하튼 아내의 바람기는 남자로서 간과할 수 없는 생물학적 중대사이다.

아내의 외도를 방지하는 것과 남자의 자식 양육이 불가분의 관계에 있다는 것은 반대로 아내의 이성 관계에 관대한 대범하고 사람 좋은 남자의 진화적 운명을 생각하면 분명해진다. 이와 같은 남자는 아내에게 다른 남자의 자식을 낳게 할 확률이 높고 따라서 자신처럼 사람 좋은 성질을 이어받을 자식을 남길 가능성이 적어진다. 그 결과 이렇듯 사람 좋은 성질 또는 그와 같은 성질을 가진 남자는 자연 도태에 의해 강하게 배제당하고 언젠가는 지구상에서 모습을 감추게 될 것이다.

그렇다면 여자한테는 질투가 없을까? 물론 그렇지는 않다. 질투는 여자에게도 자식 양육에 결정적으로 중요한 남편을 확보하기 위해 필요한 심리적 메커니즘이다. 여자도 남편의 이성 관계에 강한 관심을 가지며 남편의 성적 행동을 감시하고 규제하는 일은 남자와 다를 바 없다.

질투의 내용

질투는 남자와 여자 어느 쪽이든 나타나지만 그 내용에 생물학적인 차이가 있다는 점을 유의할 필요가 있다. 연구에 의하면 남자의 질투는 아내의 혼외정사 자체에 초점이 맞춰져 있는 데 비해 여자의 질투는 오히려 남편이 다른 여자에게 애정을 쏟는 것에 초점이 맞춰져 있다고 한다. 이것은 행동생태학적으로도 일리가 있다고 본다. 왜냐하면 남자의 입장에서 아내의 외도는 타인의 자식을 돌보아야 한다는 치명적인 생물학적 오류를 범하게 되는 일이며 자연 도태상 결정적으로 불리하기 때문이다. 그런 까닭에 남자의 입장에서는 아내와 다른 남자의 육체적 관계를 생물학적으로 허용할 수가 없다. 남자가 자기 아내와 다른 남자의 육체관계에 특별히 예민한 이유는 이 점 때문이라고 생각된다.

이에 비해 여자의 입장에서는 남편의 외도가 즉시 생물학적인 불이익을 가져다주는 것은 아니다. 남편이 가령 다른 여자와의 사이에서 자식을 얻었다 해도 그 시점에서 불이익을 당하지는 않는다. 여자에게 불이익이 생기는 것은 남편이 외도 상대인 여자나 그 자식을 물질적, 경

제적으로 지원할 때이다. 본래 자신의 자식이나 자신에게 돌아와야 할 그 투자가 다른 여자나 자식 때문에 침해받을 때 여자의 불이익은 발생한다. 이것은 유럽참새의 두 번째 아내와 마찬가지의 경우이다. 그런 불이익만 아니라면 남자의 외도는 말 그대로 외도로 끝나고 아내나 자식에게 생물학적인 피해를 가져오지는 않는다. 남편이 가진 전부를 가족에게 쏟아붓고 가족을 생물학적으로 지탱하는 한 여자에게는 남편의 외도가 생물학적으로 문제가 되지 않는다.

다만, 어쩌다 저지른 바람도 그것이 여자와 자식에게 실질적인 불이익을 가져다 줄 가능성은 항상 존재한다. 그렇기 때문에 여자가 남편의 바람에 무관심할 수 없는 것도 생물학적으로 자연스러운 일이다. 그리고 불행히도 그것이 현실이 되었을 때 아내가 남편이나 상대 여자에게 대항 조치를 강구하는 것 또한 자연스러운 일이다. 이 점은 새끼 살해를 감행한 유럽참새의 예를 떠올리면 쉽게 이해가 될 것이다.

육체가 말하는
남자와 여자

몸의 크기

제1장에서 소개한 대로 물개나 바다표범 같은 기각목(鰭脚目) 동물이나 영장류 등 어떤 종은 암컷에 비해 수컷의 몸집이 유난히 큰 경우가 있다. 암수 간의 이러한 체격 차이는 수컷과 암컷의 배우 관계를 반영하는 특징 중 한 가지이며 암컷에 비해 수컷의 몸집이 큰 종일수록 수컷 한 마리가 점유하는 암컷의 수는 많아진다.

이런 관점에서 인간의 남자와 여자를 보면 남자는 여자보다 체중 면에서 약 20% 무겁고 신장 면에서 5~10% 크다는 것을 알 수 있다. 이 사실에 기초하여 추측하면 인간은 약한 일부다처형 동물이라고 할 수 있다. 실제로 어느 연구에 의하면 법적으로 일부일처제를 채택하고 있는 국가를 포함하여 조사 대상 국가의 대부분에서 표면적으로 어떻든 실질적으로는 일부다처가 관찰되었다.

남녀의 체격 차이는 어느 면에서 여자의 번식 전략일 가능성도 있다. 여자는 남자보다 일찍 성장을 종료하고 남자보다 앞서 성 성숙하도록 진화되었을 가능성이 있기 때문이다. 여자는 요컨대 '조숙함'의 성질을 획득함으로써 좀 더 일찍 생식 활동에 들어가며 생애의 번식 횟수를 늘리는 방향으로 생식 생리의 성질을 진화시켰다고 본다. 초등학교 고학년 때 이미 초경을 맞는 여자의 '조숙함' 뒤에는 이와 같은 여자의 번식 전략이 감춰져 있을지도 모른다.

덧붙여서 암컷이 수컷보다 작은 체격으로 조숙하게 성 성숙하는 데 비해 수컷이 좀 더 긴 시간을 들여 몸을 키우고 나서 번식에 들어가는 동물은 일부다처형인 것으로 알려져 있다. 이 점에서도 인간은 일부다처형 동물임을 알 수 있다.

여자의 풍만한 몸

남자와 여자의 몸을 비교할 때 바로 눈에 띄는 차이점은 남자의 몸은 근육질인 데 비해 여자는 몸 전체가 곡선을 띠고 풍만하다는 것이다. 이것은 여자가 사춘기에 피하(皮下)나 복강(腹腔)에 지방을 비축하기 때문이다. 지방은 특히 어깨나 복부, 하복부, 둔부에 다량 축적된다. 성인 여성의 경우 지방은 전 체중의 약 4분의 1에 달한다. 이것은 남자의 지방 비율의 8분의 1에 해당하는 값이다.

그렇다면 어째서 여자는 대량의 지방을 축적하는 것일까? 이 점과 관련하여 행동생태학에서 많은 지지를 얻고 있는 의견은 그것이 자식 양육을 위한 에너지 비축이라는 의견이다. 여자는 포유류의 한 종으로써 문자 그대로 제 몸을 깎아 자식에게 영양분을 내어준다. 그 영양의 저장 창고가 지방이라는 것이다.

이른바 3대 영양소인 탄수화물·단백질·지방 가운데 지방은 확실히 에너지의 비축 물질로써는 탄수화물이나 단백질보다 훨씬 우수하다. 왜냐하면 탄수화물과 단백질은 1g당 약 4kcal의 에너지를 함유하지만 지방은 그 2배 이상인 9kcal를 함유하고 있기 때문이다. 그러므로 같은 양의 에너지를 비축한다고 가정할 때 지방은 탄수화물이나 단백질의 절반 이하의 양이면 된다. 그런 만큼 여자는 여러 가지 활동에 소비되는 에너지가 절약되는 데다 운동성도 높아진다. 이것은 에너지 효율 면에서 여자에게 커다란 이익을 가져다준다.

이렇게 비축된 에너지를 여자는 자식에게 아낌없이 쏟아붓는다. 보고에 의하면 여자는 10개월에 이르는 임신 기간에 무려 5만~8만kcal의 영양을 태반을 통해 태아에게 공급한다고 한다. 물론 출산 후에도 수유를 통해 대량의 영양분을 자식에게 내어준다. 모유만으로 자식을 기르는 아프리카 칼라하리 사막의 쿵산족을 대상으로 실시한 조사에 의하면 쿵산족의 모친은 한 시간에 평균 4번꼴로 종일 자식에게 수유하는데 그 에너지의 총량은 하루에 500~1,000kcal나 된다. 이것은 자식이 젖을 뗄 때까지 평균 3.5년간 하루도 빠짐없이 계속된다. 여자의 몸매를 둥그스름하게 만들어 주는 지방은 이것을 위한 비축 에너지라고 생각된다.

이 의견을 지지하는 보고와 사례도 제출되었다. 그중 한 가지는 여자의 체지방율이 여자의 성 생리와 밀접한 관련이 있다는 것이다. 예를 들어 미국의 여대생 가운데 운동량이 많고 격렬한 스포츠를 지속해 온 사람은 그렇지 않은 사람에 비해 지방의 비축이 더디고 아울러 초경 개시 연령이 현저하게 늦다는 것이 확인되었다. 또한 거식증으로 인해 상당량의 체지방을 잃은 여성은 배란이 정지된다는 사례도 수차례 보고되었다.

이러한 사실은 여자의 생식 생리 개시 및 유지에는 일정 수준의 체지방 축적이 필요하다는 것을 시사한다. 실제로 초경 때에는 적어도 체중의 17%에 해당하는 지방의 축적이 필요하다고 알려졌다.

더욱이 최근 들어 지방은 단순한 에너지 비축 물질에 그치지 않고 렙틴(leptin)이라는 호르몬을 분비하는 내분비 기관이란 사실이 밝혀졌다. 그 렙틴의 작용 중 한 가지가 여자의 성 생리 촉진이라고 한다. 그렇다면 여자의 체지방이 일정 수준 이하가 되었을 때 배란이 정지되는 이유도 설명이 가능하다.

여자의 체지방은 자식 양육을 위한 에너지원인 동시에 여자의 생식 생리를 제어하는 중요한 위치를 차지하는 것 같다. 그리고 지방이 미처 충분하게 축적되지 않은 경우에는 아직 임신할 준비가 되지 않았다는 판단하에 그 정보를 내분비계로 보내어 배란을 정지시킨다고 해석할 수 있다. 이렇듯 지방은 스스로를 먹이 자원 삼아 자식을 기르는 여자의 중요한 생식 작업을 순조롭게 진행시키는 중요한 사명을 띠고 있다.

큰 가슴

몸의 크기나 몸매 외에 눈에 띄는 성적 특징은 다름 아닌 여성의 큰 유방이다. 유방은 자식을 위한 젖을 생산하고 수유하는 기관이므로 여성 특유의 몸매를 특징짓는 지방과 같은 계열로 취급할 수 있지만 여기서는 여자의 2차적 외부 생식 기관 중 한 가지로 구분지어 설명하려고 한다.

여기서 유방에 주목하는 이유는 여자의 유방이 다른 포유류나 유인원의 유방에 비해 상당히 크기 때문이다. 유방도 다른 기관과 마찬가지로 동물이 성장함에 따라 커지지만 인간 여성의 유방은 몸의 크기를 기준 삼아 볼 때 유인원인 고릴라나 오랑우탄, 침팬지의 유방에 비해 유난히 크고 또 눈에 잘 띈다.

더욱 묘한 것은 여자의 유방은 사춘기에 크게 부풀어 오른 이후 줄곧 그 크기를 유지한다는 점이다. 물론 자식을 낳아 수유할 때는 더욱 커지지만 이 점은 다른 동물도 마찬가지이다. 동물의 유방은 보통 수유기가 끝나면 수축하여 거의 임신 전의 크기로 되돌아간다. 그에 비해 인간 여성은 수유기가 지나도 또한 자식을 임신하거나 출산한 적이 없는 여성일지라도 일단 사춘기에 커진 후로는 그 크기가 거의 달라지지 않는다.

또 한 가지, 여자의 유방은 이상하게도 평소에는 젖을 분비하지 않는다는 점이다. 브래지어로 추어올린 큰 유방이 본래의 기능인 젖을 분비하지 않는다는 것은 생각해보면 정말 이상한 일이 아닐 수 없다. 이래서는 무용장물밖에 되지 않는다. 엄격한 자연 도태 속에서 이렇듯 의미

없는 기관이 아무 기능도 하지 않고 진화했을 리 없다. 다시 말해 젖이 나오지 않는 유방에는 유즙 분비 외에 뭔가 다른 기능이 감춰져 있을지도 모른다는 것이다. 이 점에 대해서는 나중에 다시 한 번 고찰해 보기로 하겠다.

고환이 말하는
남자와 여자의 관계

남자의 고환(정소)은 정자를 생산하는 기관이며 난자를 생산하는 여자의 난소가 몸속에 있는 것과 달리 고환은 몸 밖에 위치하고 있다. 그 이유는 잘 알 수 없지만 인간처럼 고환이 몸 밖에 있는 것은 포유류의 수컷뿐이며 조류, 벌레류, 양서류, 어류 및 여타의 척추동물의 정소는 난소와 마찬가지로 몸 안에 존재한다.

인류의 조상인 남자의 번식 행동을 살펴보기에 앞서 참고할 점이 바로 고환의 크기이다. 제1장에서 설명한 바와 같이 고환의 크기도 동물의 몸집의 크기에 따라 차이가 나는데 몸집에 따른 고환의 크기는 그 동물이 어느 정도 난혼적(亂婚的)인지 알 수 있는 단서가 된다.

이러한 관점에서 인간과 오랑우탄, 고릴라, 침팬지의 고환 크기를 비교해 보면 난혼적인 침팬지의 고환은 중량으로 따졌을 때 120g으로 타 동물에 비해 압도적으로 크다는 것을 알 수 있다. 다음으로 큰 고환을 가진 것이 인간이며 이하 오랑우탄, 고릴라 순으로 이어진다. 고릴라의 수컷은 침팬지의 수컷보다 몸집이 훨씬 크지만 고환의 크기는 30g으로 침팬지의 4분의 1밖에 되지 않는다. 고릴라의 고환이 작은 이유는 고릴라가 난혼적이지 않다는 것, 그리고 다른 수컷이 자신의 배우자와 교미할 기회가 거의 없다는 것, 따라서 정자가 수정 경쟁을 강요받을 일이 거의 없다는 점과 관련이 있는 듯싶다.

인간의 고환은 침팬지 다음으로 크지만 양자의 고환 크기에 상당한 격차가 있다. 이 점으로 미루어 볼 때 인류의 조상은 침팬지만큼 난혼적이지는 않고 오히려 일부이처 정도인 오랑우탄에 가까운 배우 관계 형태로 번식했음을 짐작할 수 있다. 또한 인간의 조상은 앞서 말한 바와 같이 아내와의 생식에서 상당한 빈도의 성적 활동을 요구받았을 가능성이 있다. 그러므로 남자의 비교적 큰 고환은 일부분 위와 같은 요구에 대한 적응으로써 발달했을 가능성이 있다.

성 생리를 통해 본
남자와 여자

성욕과 성적 쾌감

남자의 생식과 관련된 생리적 특징 중 한 가지는 왕성한 성욕이다. 남자는 누구든 사춘기 이후 강한 성욕에 이끌려 성적인 행동을 추구하게 된다. 유감스럽게도 남자의 이러한 성적 특질은 사회적 범죄 속에서 거듭 증명되어 왔다. 특히 남자의 성욕을 억제하는 사회적인 규범이 전쟁 등으로 인해 느슨해지거나 무너짐으로써 억제력을 잃게 되면 남자의 이런 성질이 일거에 표면화되는 현상은 많은 사례를 통해 증명되었다.

예를 들어 방글라데시는 1971년까지 9개월간 파키스탄에 점령당하였는데, 그 당시 무려 20만 건에 이르는 강간 사건이 발생하였으며 그 때문에 2만 5천 명의 여성이 씻을 수 없는 능욕을 당한데다 원치 않는 임신까지 하게 되었다. 1995년 보스니아－헤르체고비나 전쟁에서도, 아프리카의 츠치족과 후츠족의 전쟁에서도 같은 사건이 발생하였다. 일본도 제2차 세계 대전 기간 중의 일본군 위안부 문제에서 보듯 예외는 아니다.

남자의 강한 성욕의 폭발은 일상적으로도 일어난다. 미국에서는 매년 6만 건의 강간 사건이 보고되는데 미신고 건수를 고려하면 실제 강간 사건은 10배 이상에 이를 것으로 추정된다. 때때로 남자의 성욕은 분별력 있는 성인의 판단을 어지럽힌다. 비근한 예로 미국의 전 대통령 클린턴이 백악관에서 일으킨 모니카 르윈스키와의 정사는 세상을 떠들썩하게 만들었다. 일본의 어느 회사가 중국 동남 지역에 매춘 여행이라 해도 과언이 아닌 사원 여행을 감행하여 물의를 일으킨 적도 있다. 그런가 하면 어느 대학의 학생 서클은 계획적으로 여대생들을 능욕하여 매스컴을 떠들썩하게 만들었다.

남자의 성욕은 산업 활동의 양식이 된다는 말도 있다. 조사 대상인 세계 300개 사회 가운데 매매춘이 확실하게 확인된 사회는 절반에 가까운 142개국의 사회였으며, 매매춘이 없는 것으로 확인된 사회는 불과 8%에 그쳤다. 킨제이 보고서에 의하면 미국의 백인 남성 중 69%가 매춘을 경험하고 있다. 폴란드에서는 1957년에 매춘을 신고한 매춘부가 23만 명을 헤아리고 1981년 미국에서는 전업 매춘과 파트타임 매춘에 종사하는 여성이 25만~35만 명인 것으로 파악되었다.

남자로 하여금 종종 사회적 범죄를 저지르게 만드는 남자의 강한 성욕은 성행위를 통해 얻을 수 있는 성적인 쾌락과 강하게 결부되어 있다. 남자는 첫 번째 성행위에서 성적 쾌락을 경험하는데 이것이 성욕을 한층 증진시킴으로써 다음 성행위를 추구하게 만든다. 양자는 그야말로 양의 피드백을 구성함으로써 남자를 점점 더 강하게 성행위로 몰아간다.

그렇다면 남자의 강한 성욕이나 성적 쾌락은 행동생태학적으로 어떤 의미가 있을까? 그것을 알려면 이와 반대되는 상황을 생각해볼 필요가 있다. 예를 들어, 성욕도 전혀 없고 성행위를 통해서도 아무런 성적 쾌락을 경험하지 못한 남자를 생각해 보자. 이러한 남자는 여자에게 관심이 없고 따라서 굳이 여자와의 만남을 원하거나 성적 행위를 추구하지 않을 것이다. 우연한 기회에 성행위를 했다 해도 거기서 성적 쾌락을 얻지 못했다면 새삼스레 다음 성행위를 시도하는 일도 없을 것이다. 그 결과 이런 남성은 자신처럼 성욕도, 성적 쾌락도 없는 유전적 성질을 이어받을 자식을 다음 대에 남기지 못할 것이다. 따라서 이러한 유전적 성질을 지닌 남성은 설령 돌연변이에 의해 출현했다고 해도 그 대(代)를 끝으로 사라져갈 것이다.

확실히 남자의 성욕과 성적 쾌락은 다음 대에 자신의 핏줄을 남기기 위한 필수 메커니즘이다. 남자에게 성욕과 성적 쾌락이 있기 때문에 계속해서 여자를 찾는 행동을 일으킬 수 있는 것이다.

현대 사회에서 종종 문제를 일으키는 골칫덩어리와도 같은 남자의 성욕과 성적 쾌락은 사실 자연 도태에 따른 남자의 적응적 성질이다.

성욕 및 성적 쾌락과 관련하여 한마디 덧붙여 두어야 할 것은 성욕과 성적 쾌락을 자극하는 감각적 자극에 대해서이다. 이 세상에 여자의 누드 사진이 만연하고 있는 것을 보면 알 수 있듯 남자의 성욕은 시각적인 자극에 쉽게 반응한다. 전화방 따위가 생겨나는 것도 남자의 성욕이 청각적인 자극에 쉽게 반응하기 때문이다. 일찍이 일본 문부성의 어느 고관이 연루되었던 사건으로 속칭 '노팬티 샤부샤부'라고 불리는 이상한 '만지는 바(bar)'가 세상에 알려진 적이 있는데 이 사례에서 보듯 남자의 성욕은 접촉에 의해서도 쉽게 자극을 받는다. 그러고 보면 남자의 감각계는 마치 남자의 성욕을 불러일으키기 위해 존재하는 듯싶다.

그런데 남자의 이러한 성적 생리에 비해 여자 쪽은 대조를 보인다. 적어도 결혼 전의 여자에게는 남자만큼의 강한 육체적 성적 쾌락을 추구하는 성욕이 없거나 있더라도 약한 것으로 알려져 있다. 물론 여자에게도 남자와 마찬가지로 이성을 찾는 욕구가 있는 것은 틀림없지만 여자가 남자를 원하는 내용은 남자의 성적 쾌락과 달리 좀 더 정신적인 정애(情愛)라는 것이 일반적이다. 또한 여자는 첫 번째 성행위에서 남자가 경험하는 것 같은 성적 쾌락이 생기지 않는다는 점도 남자와 다른 점이다.

그렇다면 남자에 비해 여자의 육체적 성욕이 소극적인 데에 뭔가 진화생태학적인 의미가 있지는 않을까? 우선 여자는 성행위 자체에 대한 욕구가 남자보다 약하기 때문에 경솔한 성행위를 피할 수 있다. 성적으로 냉정해짐으로써 주의 깊게 남자를 관찰하고 선택할 수 있다. 요즘과 달라서 과거의 여자들은 피임이나 중절 기술의 혜택을 향유하지 못하였다. 따라서 남자와 성적인 접촉을 갖게 되면 원치 않는 아이를 임신할 위험이 있었다. 이 위험은 여자의 육체적인 성욕이 강하면 강할수록 커지며 이런 점에서 육체적 욕구가 적은 것은 잘못된 배우자 선택을 피하게 하는 이익을 가져다준다고 본다. 즉 이런 성질 덕분에 여자는 무책임하게 여러 여자를 전전하는 남자나 남편 또는 아버지로서 바람직하지 않은 남자를 피하고 좀 더 나은 파트너를 선택할 수 있다.

이상 소개한 바와 같이 성적인 욕구나 성적인 쾌락을 통해 나타나는 남자와 여자의 차이는 좀 더 많은 이성과 생식 활동을 함으로써 번식 성적이 높아지는 수컷으로서의 남자와, 상대를 신중하게 선택함으로써 번식 성적이 높아지는 암컷으로서의 여자, 양자 간의 차이를 반영한다고 볼 수 있다.

기묘한 호르몬

남자의 정액에는 '프로스타글란딘 E'라는 호르몬이 존재한다. 프로스타글란딘이란 당초 남자의 전립선을 가리키는 영어 명(名)인 프로스테이트글란드와 연관 지어 이름 붙여진 것인데 현재로는 정낭선(精囊腺)에서 생성된다고 알려져 있다. 그런데 이 호르몬의 작용이 사뭇 독특하여 주목할 만한 가치가 있다. 이 호르몬은 여자의 자궁을 구성하는 평활근(平滑筋)이라는 근육에 작용하여 수축 운동을 일으킨다. 어째서 이와 같은 작용물질이 남자의 정액 속에 포함되어 있는지는 확실하게 밝혀지지 않았다. 어느 연구가는 이 호르몬이 자궁을 수축시키고 그 압력으로 자궁 내에 들어간 자신의 정자를 더 안쪽의 수란관(輸卵管)까지 보냄으로써 좀 더 빨리 수정을 달성하기 위해서가 아닐

까라는 의견을 발표하였다. 또한 연구가는 이 의견을 뒷받침하는 간접적인 증거로서 불임 남성의 40%가 이 호르몬의 양이 적다는 사실을 제시하고 있다.

덧붙여서 호르몬이란 몸 일부에서 방출되어 동일 개체의 다른 조직에 생물학적으로 작용하는 미량물질이기 때문에 여자라는 다른 개체에 작용하는 프로스타글란딘 E는 엄밀하게 따졌을 때 호르몬이라고 말할 수 없다. 어느 개체로부터 방출되어 동종의 다른 개체에 생물학적으로 작용하는 미량물질은 '페로몬'이라고 정의되어 있으므로 사실 프로스타글란딘 E는 페로몬으로 분류되어야 한다. 요컨대 프로스타글란딘 E는 여자에게 정자를 보낸 남자의 목적, 즉 수정을 달성하기 위한 생리적 메커니즘의 하나일 가능성이 있다.

이에 비해 남자의 프로스타글란딘 E에 상당하는 여자의 내분비적 메커니즘은 알려진 것이 없다.

정자량의 조절

여러 수컷의 정자가 난자와의 수정을 둘러싸고 암컷의 생식관 안에서 수정 경쟁을 연출한다는 것은 앞에서 설명한 바 있다. 한편 이 경쟁이 일어날 가능성은 암컷이 얼마나 오랫동안 짝짓기 상대인 수컷의 보호 밖에 있느냐에 달려 있다고 본다. 이와 관련하여 인간 남자의 정자량을 조사한 연구가 주목을 받고 있다. 왜냐하면 남자는 아내 또는 파트너와 떨어져서 지내는 시간이 많고 그래서 그녀들이

다른 남자와 성적 관계를 맺을 위험이 높을 때일수록 아내와의 성행위 시에 많은 정자를 사정하기 때문이다. 이것은 오리나 골든햄스터의 예에서 이미 설명했다시피 자신의 아내나 파트너의 생식 기관 내에 들어갔을지도 모르는 다른 남자의 정자를 양으로 능가하여 자신의 정자가 수정되도록 하기 위한 생리적 구조라고 해석할 수 있다.

그렇다면 남자에게 이와 같은 생리적 구조가 진화했다고 하여 실제로 남자의 아내나 파트너가 다른 남자의 아이를 임신할 위험이 있을까? 이와 관련된 연구에 의하면 남편이 아내의 부정행위를 의심하여 일으킨 친자 판정 재판에 불려나온 아내들 가운데 18%가 혼외 자식을 출산했다는 보고가 있다. 또한 1953년과 1981년 미국에서 조사한 바에 의하면 남편 이외의 남자와 혼외정사를 경험한 여성이 각각 26%와 50% 이상이었다. 이 점을 생각하면 아내의 혼외정사가 일어났을 가능성이 높을 때 남자가 좀 더 많은 정자를 아내에게 보냄으로써 얼마간의 생식 이익을 얻을 수 있다.

남자는 상대 여자의 몸이 가냘픈지 혹은 풍만한지에 따라서 사정하는 정자량을 조절한다는 연구 보고도 있다. 보고에 의하면 남자는 상대가 육감적이고 풍만한 여자일 때 좀 더 많은 정자를 사정한다. 이것을 생태학적인 관점에서 해석하면 남자는 무의식중에서도 지방을 충분히 비축하고 비교적 확실하게 아이를 기를 가능성이 높은 여자에게 더 많은 정자를 보냄으로써 좀 더 확실한 수정을 지향한다고 볼 수 있다. 실제로 이란성 쌍생아가 태어날 확률은 가냘픈 여자보다 풍만한 여자 쪽이 높다는 보고가 있다. 유산율도 풍만한 여자 쪽이 낮게 나타났다. 신생아의 체중은 풍만한 여자가 낳은 아이 쪽이 무겁고 생존율도 높다고 알려졌다.

이와 같이 남자의 생식 생리 수준에서의 배우자 선택은 그 후 자식 양육에 대량의 투자를 하는 것과 관련이 있다고 본다. 즉 자식 양육 활동에 큰 비용을 지불하는 남자에게는 그 비용을 충분히 웃돌 만큼의 큰 이익이 필수 조건이 된다. 만약 이득이 충분히 크지 않아 비용을 상회할 수 없다면 '이득(B)−비용(C)〈O'가 되고 자식 양육 행동은 진화할 수 없다.

사자나 토끼의 암컷은 교미 자극에 의해 배란이 유발된다. 만약 인간에게도 이러한 성질이 있다면 여자는 배란을 절제함으로써 원치 않는 남자의 아이를 임신하지 않아도 될 길이 열릴지 모른다. 그러나 이것은 비현실적인 가정일 뿐이다. 현재까지 남자의 사정 정자량 조절에 상응하는 여자의 성적 생리 메커니즘은 알려진 것이 없다.

남자를 고르는
여자의 생식관?

남자와 여자의 '심리·행동적 특징'과 '생리적 성질'에서 소개한 바와 같이 일반적으로 여자는 성행위 자체에 대해서는 소극적이고 신중하며 부주의하게 성행위에 이르는 것을 피하는 것처럼 보인다. 이런 식으로 배우자를 선택하는 성질은 여자의 생식 기관과도 관련이 있을지 모른다. 예를 들어 여자의 생식 기관인 전정선(前庭腺)은 성행위 때 점액을 분비함으로써 성행위가 순조롭게 진행되도록 돕는다.

그러나 전정선의 점액 분비는 상대가 누구든 똑같이 일어나는 것은 아니다. 점액 분비는 성행위 전에 남자가 얼마만큼 여자에게 정신적 또는 정애적으로 작용했는지, 혹은 그럼으로써 여자가 남자에게 얼마만큼 감정적, 심리적 친화성을 느꼈는지에 따라서 영향을 받는다. 여자가 상대 남자에게 호감과 신뢰감을 느끼면 분비량은 증가하고 좀 더 원활한 성행위가 가능해진다. 여자가 오르가슴에 도달하면 질이나 자궁에 리드미컬한 수축이 발생하는데 이때 자궁의 내압은 마이너스가 된다. 이러한 사실에서 어느 연구자는 이것은 자궁이 질 안으로 흘러들어온 정자를 빨아들이기 위한 작용이 아닐까라고 추측하였다. 즉 여자의 생식관은 여자가 호감을 느낀 사람의 정자를 적극적으로 받아들이려 한다는 것이다.

이와 관련된 흥미 깊은 사례가 고급 콜걸과 가난한 창녀가 경험하는 오르가슴의 차이이다. 돈 잘 쓰는 부자이고 사회적인 지위도 높고 그녀들을 우대하는 남자만을 상대하는 고급 콜걸은 콜걸이 아닌 보통 여자가 경험하는 것과 비슷한 빈도로 오르가슴을 경험한다. 그에 비해 거리의 창녀는 사회적 경제적으로 하류층에 속하는 남자들을 상대하느라 고달픈 데다 알선자에게까지 보수의 일부를 떼어먹히는 등 경제적, 정신적으로 혜택을 받지 못하는 상황에 놓여 있다. 거리의 창녀로서는 앞서 말한 남자들에게 다정한 배려를 기대하는 것조차 무리이다. 창녀의 오르가슴 경험 빈도가 극단적으로 낮은 것은 아마도 창녀 스스로 이와 같은 남자를 원하지 않는다는 것을 반영하는 결과라고 여겨진다.

한 가지 주목할 만한 것은 여자의 혈액 중에 존재하는 정자 응집소이다. 이 정자 응집소는 여자가 원치 않는 성행위 등을 강요받아 생식관에 출혈이 일어났을 때 질내(膣內)로 나와 정자에 대해 항원 항체 반응을 일으키며 공격한다. 정자 응집소는 몸의 다른 부분의 혈액보다 자궁 입구인 자궁경구에 좀 더 고농도로 존재한다. 또한 정자 응집소의 혈중 레벨은 매춘부가 가장 높고 이어서 기혼 여성, 미혼 여성의 순으로 낮아진다.

이렇듯 여자의 생식관이 여자가 처해 있는 사회적 지위나 입장, 남자와의 정신적 관계 등과 관련하여 생리적 반응을 달리한다는 것은 여자가 생식관 차원에서도 남자를 선택할 가능성이 있음을 강하게 시사한다.

자궁에 의한 태아 선택

앞서 설명한 바와 같이 몇몇 종의 포유류는 암컷이 행동생태학적인 환경에 맞추어 배아나 태아를 솎아내거나 취사 선택한다. 필자의 연구실에서 시행한 햄스터 연구에서도 사회적 지위가 낮은 암컷은 아들보다 딸을 많이 낳는 경향이 있는 것으로 확인되었다. 이러한 사실에서 필자는 인간 여성한테도 같은 기능이 있을지 모른다고 생각하게 되었다. 그래서 연구실의 여학생과 이 점에 대해 예비 조사를 하기로 결정하고 도쿄의 어느 산부인과 의사를 찾아갔다. 그 병원에서는 젊은 커플의 희망에 따라 아들과 딸을 가려 낳는 법을 산과적(產

科的)으로 지도하고 있다. 지도 내용은 여성의 체온 변화에 맞추어 임신을 시도하는 것과 질 내의 산성도를 젤리로 조절하는 것 등이었다. 놀랍게도 그 효과는 확실했다. 젊은 커플은 이와 같은 방법으로 바라는 성별의 아이를 80% 이상의 확률로 가려 낳았다.

이 일은 산과적 방법에 의한 것이긴 하지만 인간 여성에게도 아들과 딸을 가려 낳는 기능이 잠재적으로 갖춰져 있다는 것을 강하게 시사한다. 문제는 여성이 그 기능을 언제 발휘하느냐이다. 유감스럽게도 이러한 문제는 아직 미개척 분야라서 참고가 되는 자료를 아직 얻을 수 없다. 이 부분에 대한 앞으로의 연구가 기대된다.

여자의 자궁 또는 태반은 배아 또는 태아의 이상을 검출하고 거기에 적응적으로 대처하는 기능까지 갖추었을 가능성이 있다. 임상적으로 확인된 임산부 가운데 10여 %는 유산에 의해 태아를 잃는 것으로 추산된다. 그러나 여자가 임신을 깨닫거나 혹은 임상적으로 임신이 확인되기 이전에 유산이 일어날 확률이 높다는 의견을 고려하면 인간 여성은 유산으로 인해 수정란의 적어도 70% 내지 그 이상을 잃는 것으로 추측된다.

문제는 이렇게 해서 잃는 태아의 대부분이 무언가 유전적 결함을 갖고 있다는 것이다. 연구에 의하면 유산으로 잃은 태아의 절반 이상이 염색체에 이상이 있는 것으로 확인되었다. 나머지도 대부분 무언가 기형이 있는 태아이다. 유산된 태아의 염색체 이상은 정상적인 출산으로 태어난 아이에 비해 40~90배 높다는 것, 그리고 사산 태아의 염색체 이상과 비교해도 4~9배 높은 것으로 보고되었다.

이러한 사실에 비추어 생각하면 여자의 유산은 여자의 번식에 불이 익을 가져오는 비적응적인 성질이 아니라 오히려 유전적 결함을 갖는 태아를 조기에 검출하여 유기하는 것을 목적으로 삼아 진화한 적응적 성질로 보는 것이 옳다. 여자의 조상은 이런 성질을 획득함으로써 생물학적으로 무익한 유전적 이상 태아에 대한 투자를 중단할 수 있었을 것이고 그럼으로써 신속하게 다음 임신에 대비할 수 있었을 것이다. 그것은 결국 여자에게 좀 더 많은 번식 기회를 주고 번식 성적을 높이는 데 기여했다고 본다.

여자의 기묘한
성적 특징

큰 유방과 발정

지금까지 소개한 남자와 여자의 성적 특질에 대한 적응적인 의미는 완전하지는 않아도 진화생태학적으로 어느 정도 타당성이 있다고 여겨진다. 그러나 남자와 여자의 특질은 이것이 전부가 아니며 그 밖에도 몇 가지 사항을 더 들 수 있다. 그중에는 수컷과 암컷의 생식에 어떠한 생태학적 역할을 수행하고 있는지 설명하기 어려운 특질도 있다. 특히 여기에서 설명하는 여자의 몇 가지 성적 특질은 그 직접적인 적응 의미가 어렵고 무척 불가사의한 인상을 준다.

그중 한 가지가 여자의 큰 유방이다. 평소에는 젖을 분비하지 않는 여자의 큰 유방은 이미 설명한 대로 직접적인 기능이 명확하지 않다.

두 번째 불가사의한 특질은 배란 또는 발정이 겉으로 드러나지 않는

다는 점이다. 인간에게 가장 가까운 침팬지의 경우 암컷은 임신 가능한 배란 시기가 되면 음부가 붉은빛을 띠는 동시에 크게 부풀어 올라 수컷에게 자신이 임신 가능한 시기임을 보란 듯이 선전한다. 실제로 침팬지의 수컷 또한 이 반응을 알아채고 암컷에게 다가간다. 그러나 인간의 여자는 발정을 겉으로 드러내지 않는다. 여자는 대부분 자기 자신이 언제 배란했는지 알지 못한다. 하물며 남자가 그것을 겉으로 보아 간파하기는 불가능한 것이다.

성행위와 출산

그럼에도 불구하고 여자에게는 여기에 모순되는 듯한 성적 특질이 있다. 바로 그 세 번째 특질인 여자의 활발한 성적 활동이다. 여기서 말하는 성적 활발함이란 앞에서 설명한 것처럼 남자한테서 엿볼 수 있는 성행위에 대한 활발함이 아니라 여자가 성행위에 관여할 수 있는 날짜 수가 많다는 것을 의미한다. 일반적으로 동물에게는 번식기가 있고 암컷은 그 기간 이외에는 수컷을 받아들이지 않는다. 그러나 인간의 경우 여자는 일 년 중 어느 시기라도 남자를 받아들일 수 있다. 표면적으로는 발정과 상관없는 척하면서 실은 일 년 내내 발정하며 남자를 받아들인다.

남자를 받아들인다는 의미에서 여자의 성적 활발함은 생리 주기 중 성행위가 가능한 날짜 수로 따져 보아도 분명하다. 인간 여성 이외에 성적으로 활발한 동물은 침팬지의 암컷인데 이 침팬지의 암컷도 30여 일의 생리 주기 중 수컷을 받아들일 수 있는 날짜는 열흘 정도에 불과하다. 거기에 비해 인간 여성은 약 30일의 생리 주기 중 3주 이상에 걸쳐 성생활이 가능하다. 또한 대개 동물의 암컷은 임신하면 수컷을 받아들이지 않게 되는데 인간 여성은 임신 후에도 장기간에 걸쳐 성생활을 지속할 수 있다. 더욱이 대부분의 동물은 출산하여 자식에게 수유하는 기간에는 수컷을 거부하는 데 비해 인간 여성은 출산 후 얼마 지나지 않아 성적 활동을 회복하여 연년생을 낳을 수 있다. 이렇듯 여자는 배란을 드러내지 않으면서 보이지 않는 면에서는 동물계 사상 유례없는 활발한 성 활동에 종사하고 있는 것이다.

여자의 불가사의한 성적 특질 중 네 번째는 난산(難産)이다. 출산은 두말할 필요도 없이 암컷의 생식 활동 중에서 가장 중요한 작업 중의 한 가지이다. 그런 까닭에 자연 도태는 이 중대한 작업에 대해서만큼은 유독 엄격한 선발 작용을 가함으로써 혼자서 안전하게 출산하는 암컷을 가려내어 왔을 것이다. 그렇게 생각하면 출산 시 산과 의사의 손을 빌리는 암컷이란 본래 있을 수 없는 일이다. 사실 동물계에서는 어디를 둘러봐도 암컷의 출산을 지원하는 산과의를 찾아볼 수 없다. 이것 역시 여자의 불가사의한 특질이다.

조산과 미숙아

여자의 다섯 번째 불가사의한 성적 특질은 조산(早産)이다. 임신 기간에 대한 비교 연구에 의하면 인간의 임신 기간은 본래 적어도 20개월은 필요하다고 한다. 이 연구에 의하면 현재 10개월이라는 여자의 임신 기간은 본래 있어야 할 임신 기간의 절반 수준이다. 이런 의미에서 여자가 10개월 만에 아이를 출산한다는 것은 생리적 조산이라고 본다.

여자의 여섯 번째 불가사의한 성적 특질은 생리적 조산과 직접적으로 관련되어 있는 것으로 미숙아 출산을 들 수 있다. 여기서 미숙아란 인간에 가까운 침팬지 등의 새끼와 비교해서 하는 말이다. 침팬지 등 유인원의 새끼는 태어날 때 이미 목을 가눈다. 미덥지는 못해도 태어난 후 금세 자력으로 어미의 몸에 매달릴 수 있다. 그에 비해 인간의 갓난아기는 젖을 빠는 것과 배가 고프거나 기저귀가 젖었을 때 큰 소리로 울어 부모에게 알리는 일밖에 하지 못한다. 스스로 머리를 가눌 만큼도 되지 못한다. 물론 모친에게 매달리는 일도 불가능하다.

생리와 페로몬

여자의 일곱 번째 성적 특질은 생리의 전반(傳搬)이다. 미국의 어느 여자 대학 기숙사에서 생활하는 여학생들을 대상으로 연구 조사한 결과에 의하면 사회적으로 밀접한 관계를 맺으며 생활하는 여학생들은 생리 주기가 서서히 동기화(同期化)되는 것을 알 수 있었다. 즉, 처음에는 조금씩 차이 나던 생리 주기가 함께 생활하는 사이에 서서히 줄어들어 나중에는 같아지게 되었다는 것이다. 이후의 연구 결과 이와 같은 생리의 동기화는 여자가 배란 전과 배란 이후에 방출하는 두 종류의 페로몬 때문임을 알게 되었다. 그중 한 가지는 다른 여자의 생리 주기를 앞당기고 또 한 가지는 생리 주기를 늦추는 작용을 한다. 그런데 여자들은 이러한 페로몬을 방출하는 본인도 그것을 수용하여 반응하는 쪽도 모두 페로몬의 존재를 깨닫지 못한 채 서로에게 영향을 주면서 생리 주기가 같아지게 된다.

이상 소개한 여자의 성적 특질은 일반적인 자연 도태의 논리에서 생각하면 비적응적이거나 의미가 불분명한 성질이라고 말하지 않을 수 없다. 하지만 그와 같은 성질이 꾸준히 진화되어 온 이상 그 뒤에 뭔가 중요한 생물학적인 적응 기능이 숨겨져 있을 것이라는 생각이 든다. 과연 그 기능은 무엇일까?

사실 그 점이야말로 여자가 남편이 될 만한 남자를 곁에 묶어두고 아버지로서의 임무를 다하도록 유도한 적응적 성질이라고 본다. 다음 장에서는 여자가 이러한 특질을 어떻게 이용하여 '교미하고 암컷을 유기하는 수컷=남자'를 '처자 곁에 머물면서 자식을 양육하는 사회적인 수컷＝아버지'로 키워 냈는지, 또한 그 결과 인간의 가족이 그 이전의 모친 가족에서 부친도 참여하는 핵가족으로 진화하기에 이르렀는지 이야기를 진행하고자 한다.

자식이 어미의 젖을 먹고 자라는 포유류의 경우 암컷이 자식 양육에서 해방되는 일은 있을 수 없다. 이것은 인간 또한 마찬가지여서 여자도 어머니로서의 역할을 회피할 수 없다. 이런 이유에서 인간은 남자가 아버지로서 자식 양육에 참여하여 핵가족을 만들기 훨씬 이전부터 여자 혼자 자식 양육에 분투하고 모자 가족을 형성하여 생활하였다고 본다.

그렇다면 남자는 어째서 모자 가족에 참여하고 또 핵가족을 형성하게 되었을까? 포유류의 한 종인 수컷으로서 많은 여자를 수정시키는 것이 목표였을 남자의 조상이 어째서 포유류의 수컷으로서 득이 될 것 같지 않은 아버지로서의 역할을 이어받게 되었을까? 인간 가족의 원류를 더듬어 가는 여행은 결국 '인간은 모자 가족이 언제, 어떤 이유로, 어떻게 해서 핵가족으로 진화했는가'라는 핵가족의 진화 이유를 규명하는 데 도달한다.

이제 이 문제에 초점을 두고 인간의 조상은 자식을 낳아 기르는데 어째서 모친 외에 부친까지 필요하게 되었는지 그 진화생태학적인 배경과 본론을 설명하고자 한다.

제9장

·

인간의 핵가족을
더듬어 가는 여행

아버지가
필요한 이유

동물의 암컷이 자식의 아버지를
필요로 하는 이유

자식 양육에 아버지가 필요하게 된 요인 중 한 가지
는 혹한의 남극에서 번식하는 황제펭귄의 사례에서 보았듯이 극도의
저온과 같은 무기적인 요인이다. 이러한 번식지에서는 수컷과 암컷이
협력하여 교대로 양육하는 것 외에 자식을 길러낼 다른 방법이 없다.

두 번째 요인은 자식을 노리는 포식자이다. 아프리카의 탕가니카 호
수에 서식하는 시클리드과 물고기처럼 치어를 노리는 포식자가 어슬렁
거리는 곳에서는 암컷 혼자서 새끼를 지켜낼 수 없다. 이러한 방위상의
문제로 암컷은 수컷의 협력이 필요하다.

세 번째 요인은 노란개코원숭이의 어미의 경우처럼 동종의 멤버에

의한 방해이다. 이들로부터 어미를 지키기 위해 수컷의 조력이 필요해지는 경우도 있다. 마찬가지로 동종에 의한 공동 포식이나 새끼 살해로부터 새끼를 지키기 위해 수컷의 협력이 필요한 동물도 드물지 않다.

네 번째 요인은 새끼나 어미의 식량 문제이다. 개개비사촌의 예에서 설명했다시피 자식에게 줄 먹이가 윤택한 경우 자식 양육은 암컷 혼자서도 가능하며 암컷은 모자 가족의 형태로 자식을 양육한다. 그러나 대개 먹이가 부족한 가운데 자식이 많은 양의 먹이를 요구하는 동물인 경우 수컷의 협력 없이는 만족스럽게 자식을 기를 수 없다. 이 문제는 젖을 먹여 자식을 기르는 포유류도 마찬가지이다.

먹이의 풍부함 못지않게 먹이의 안정성 및 확보 문제도 수컷의 협력이 필요한 요인 중 하나이다. 예를 들어 톰슨가젤과 같은 초식동물은 그나마 안정적으로 먹이 확보가 가능하므로 암컷 혼자서 새끼를 기를 수 있다. 따라서 이들 동물에게는 모자 가족이 진화한다. 이와 반대로 개과를 비롯한 육식동물은, 암컷이 새끼의 먹이를 단독으로 확보하기가 쉽지 않고 수컷의 협력이 필요한 경우가 대부분이어서 종종 핵가족이나 그 이상으로 큰 가족이 관찰된다.

다섯 번째 요인은 새끼의 조성성과 자립성이다. 오리나 가젤과 같은 조성성 동물의 새끼는 태어난 직후 땅을 딛고 일어나 부모를 따라 돌아다닐 수 있다. 이러한 동물은 자식이 부모에게 주는 부담이 적고 따라서 암컷 혼자서도 자식 양육이 가능하다. 그러나 시간을 들여서 천천히 성장하는 동물에게는 수컷의 도움이 필요하다.

여섯 번째 요인으로는 새끼의 몸집이 커서 암컷 혼자 운반하기에 부담이 크거나 새끼의 수가 많은 경우를 들 수 있다. 몸집이 큰 새끼를 두 마리나 낳는 남미의 마모셋이나 타마린은 이런 이유에서 여러 마리의 수컷으로부터 지원을 얻는다는 것은 이미 설명한 대로이다.

이것 외에도 자식 양육에 수컷의 도움이 필요한 생태학적인 요인이 더 있을 것이다. 하지만 수컷의 지원이 필요한 생태학적인 요인이 존재한다고 해서 그 즉시 핵가족으로 진화하는 것은 아니다. 그 이유는 제7장에서 설명한 바와 같이 수컷이 자식 양육에 참여하려면 우선 양육할 자식이 생물학적으로 자신의 친자인지 아닌지 확인하는 일이 중요 조건이 되기 때문이다.

그러므로 모자 가족에서 핵가족으로 진화하려면 수컷의 자식 양육 협력이 필요한 생태학적인 요인에 더하여 일곱 번째 요인으로써 생물학적인 부자 관계가 확실해야 될 필요가 있다. 파랑볼우럭 수컷처럼 돌보는 알이나 치어가 자신의 친자일 가능성이 높을 때 새끼를 더 잘 돌보는 것이나 비교적 탄탄한 일부일처제 동물 사회에 핵가족이 많은 것은 결국 수컷과 새끼의 생물학적인 부자 관계가 핵가족의 진화에 영향을 준다는 것을 시사한다.

여자에게 남자의 협력이
필요하게 된 이유

그렇다면 인간의 여자는 자식 양육 시 어떠한 어려움에 직면하고 어떠한 생태학적 이유에서 남자의 협력을 바라게 되었을까?

인간 진화의 무대가 된 아프리카 사하라 사막 이남의 땅은 건조함에 휩싸여왔다고는 하나 남극의 황제펭귄처럼 수컷의 조력 없이는 자식 양육이 불가능할 정도로 혹독한 기후는 아니다. 실제로 그곳에는 과거에서 현재에 이르기까지 원숭이와 같은 영장류를 비롯한 여러 가지 동물이 정착하여 암컷이 수컷의 협력 없이 자식을 기르고 있다. 따라서 남자의 조상이 자식 양육에 관여하게 된 이유가 아프리카의 기후 때문일 가능성은 거의 없다고 본다.

포식자나 동종의 멤버로부터 새끼와 어미를 방위하기 위해 남자의 협력이 필요해졌을 가능성은 있다. 그러나 이 방위 문제를 해결하기 위해 아버지로서의 남자가 필요했을 가능성은 적다고 본다. 지금도 아프리카 땅에서와 마찬가지로 포식 압력을 받는 동물 대부분이 수컷의 조력 없이 암컷 혼자 자식을 기르고 있기 때문이다. 이것은 자식을 먹일 식량에 대해서도 마찬가지이다. 겔라다개코원숭이나 망토원숭이를 비롯한 사바나의 서식자는 대개 똑같은 먹이 확보 문제를 안고 있겠지만 그중에서 먹이 문제로 인해 수컷이 아버지로서 자식 양육에 가담하는 동물은 자칼이나 리카온 등 소수의 육식동물에 한정된다.

그렇다면 인간의 경우 자식이 성장하는 데 시간이 걸리고 그에 따라 오랜 기간 모친에게 큰 부담을 주는 일이 문제가 되어 부친의 등장을 재촉했을 가능성은 없는 걸까? 인간은 아이가 모유만으로 자랄 경우 젖을 뗄 때까지 평균 3.5년이 필요하다고 제8장에서 소개한 바 있다. 이렇듯 오랜 기간에 걸친 수유는 모친에게 큰 부담을 주기 때문에 남자의 협력이 매우 필요하리라 예상된다. 하지만 유인원인 침팬지나 고릴라와 비교하면 인간의 수유 기간이 특별히 긴 것은 아니다. 따라서 위의 가능성도 거의 없다고 생각한다. 또한 인간의 자식이 이들 유인원의 새끼에 비해 특별히 몸집이 크다든지 하여 운반하는 데 큰 부담이 되는 것도 아니다. 따라서 타마린이나 마모셋과 동일한 이유 때문에 남자가 자식 양육에 참여하게 되었다고 볼 수도 없다.

그렇다면 인간의 가족이 모자 가족에서 핵가족으로 진화한 진화생태학적 이유는 일반 동물의 경우와는 다르다는 것이 예상된다. 말하자면 뭔가 인간 독자적인 진화생태학적 요인이 존재하는 듯싶다. 그렇다면 그 요인은 무엇일까?

가족 진화와
성장의 서곡(序曲)

인간 가족이 핵가족으로 진화한 요인에 대해서는 직접적인 증거를 구할 수 없다는 점과 연구가 아직 불충분하다는 점에서 추측에 의존하는 부분이 적지 않다. 하지만 얻을 수 있는 자료를 통해 고찰해 보면 인간의 핵가족을 진화시킨 생태학적 요인은 신생아의 미숙함이라고 볼 수 있다. 요컨대 인간 여성이 너무 미숙한 아이를 출산하기 때문에 자식 양육에 남편의 협력이 필요하게 되었다는 가설이다. 게다가 이 가설에 의하면 여자가 미숙한 아이를 낳게 된 데에는 사실 인간의 조상이 직립이족보행(直立二足步行)을 시작했다는 점, 그리고 뇌를 크게 발달시켰다는 점에 원인이 있다. 그렇다면 어떻게 해서 이와 같은 인간의 특질이 인간의 핵가족을 진화시킨 원인이 되었을까? 이제 그 시나리오를 소개하려고 한다.

두 발로 걷는 직립보행과 큰 뇌(腦)

인간의 조상은 지금부터 약 500~600만 년 전에 직립이족보행을 시작했다. 이 특수한 이동 행동의 진화는 인간을 향한 일보 전진인 동시에 몇 가지 부차적인 효과 및 문제를 초래하였다. 그중에서 이 장의 주제인 가족의 진화와 관련된 중요한 문제가 골반의 구조이다.

골반은 인간이 직립이족보행을 하게 됨에 따라 아래쪽으로 드리워지게 된 장(腸), 방광, 난소, 자궁 등의 장기를 배 아래쪽에서 받아 지탱하는 절구 모양의 뼈 받침 접시이다. 이렇듯 뼈 받침 접시로써의 역할 면에서 말하자면 골반은 복강 내의 장기가 아래쪽으로 불거져 나오지 않도록 바닥이 단단하게 밀폐되어 있어야 한다. 그런데 골반은 그 바닥에 구멍을 마련해야만 하는 모순에 직면하였다. 왜냐하면 인간은 소화 흡수한 음식물의 찌꺼기를 변(便)으로 배출해야 하는데 이 배출을 위한 관(직장)이 외부를 향해 입(항문)을 열기 위한 통로가 필요하기 때문이다. 단지 그것 때문만은 아니다. 여자의 경우 직장의 바로 뒤쪽으로 직장과 평행하게 산도(질)가 뚫려 있다. 골반은 그 산도(産道)의 공간도 확보해야만 한다. 또 한 가지, 직장과 산도에 비하면 훨씬 가는 관이지만 소변을 배출하는 요도가 관통할 공간도 확보해야 한다. 이 때문에 골반은 바닥에 구멍이 필요하다.

이 골반 바닥의 구멍은 장기를 지탱한다는 점에서 장기가 사타구니로 새어 나오지 않도록 가능한 한 작아야 할 필요가 있다. 반면 직장과 산도 및 요도를 위해서는 되도록 큰 구멍이 요구된다. 골반 바닥의 구멍은 이렇듯 이율배반적인 요구의 타협 속에서 진화되어 왔다고 본다.

그러나 이런 어려운 요구를 완전하게 만족시키기란 불가능하다. 실제로 질의 통과 공간이 좁기 때문에 분만이 무척 어려워지고 말았다.

이것뿐이라면 인간의 진화는 또 다른 길에 도달했을지도 모른다. 인간은 그 후의 진화 과정에서 이 골반 바닥의 구멍이 지닌 모순을 더욱 키워버리는 심각한 문제에 직면하게 되었다. 그것은 인간을 인간답게 하는 커다란 뇌의 진화이다. 500만 년이 넘는 인간 진화의 거의 중간지점에 해당하는 240만 년 전에 '재주 있는 사람'이란 뜻의 '호모 하빌리스 원인(猿人)'이 진화하였다. 이 하빌리스 원인은 유인원인 침팬지나 그 이전의 원인보다도 큰 뇌를 가진 기념할 만한 인류의 조상이다. 그때까지의 '서서 걷는 침팬지'로 불리던 작은 뇌를 가진 원인에서 고도의 지능을 가진 인간을 향해 한 발을 내디딘 조상인 것이다.

하지만 이렇듯 큰 뇌를 진화시킨 하빌리스 원인은 결과적으로 여자의 고뇌를 더욱 부풀리는 씨를 뿌린 조상이기도 하다. 왜냐하면 이때를 계기로 그 후에도 계속해서 뇌의 크기가 커지는 바람에 아이가 골반 바닥의 좁은 통로를 빠져나오기 힘들어졌기 때문이다. 더구나 뇌는 연한 조직이어서 약간의 생물적 충격에도 큰 상해를 입는다. 그 때문에 뇌를 단단한 두개골이 감싸 견고하게 보호한다. 이렇듯 큰 뇌를 지키는 큰 두개골이 태어나는 아이의 산도 통과를 어렵게 만든 것이다. 산도가 그 이상 커질 수 없는데도 불구하고 시대의 변천과 함께 확대되는 뇌. 이처럼 뇌의 대형화를 향한 진화 과정에서 인간 여성의 출산은 점점 더 힘겨워지고 그 고통은 우리 신인(新人)에 이르러 절정에 달하였다. 인간 여자의 불가사의한 특질로서 지적한 난산(難産)은 직립이족보행과 큰 뇌라는 진화의 대가로서 여자에게 운명 지어진 것이다.

유전자 돌연변이에 해당하는 조산

그렇다면 여자의 조상은 점점 심각해지는 난산에 손쓸 방도가 없었던 것일까. 사실, 그렇지는 않다. 오늘날처럼 출산을 돕는 의료기술도 산과 의사도 없었던 시대의 여자는 자력으로 이 어려움을 극복하는 수밖에 없었다. 하지만 이것은 여자 개인의 노력만으로 극복될 문제는 아니다. 이 문제의 해결책은 오랜 세월 속에서 우연한 확률로 일어나는 돌연변이와 거기에 선발 작용을 가하는 자연 도태의 힘에 맡기는 도리밖에 없다.

제8장에서 인간의 임신 기간이 생물학적으로 보면 조산에 해당하며 인간의 임신 기간은 본래 20개월 이상이어야 한다는 것을 소개하였다. 그런데 만약 이 20개월이라는 오랜 임신 기간이 오늘날까지 이어져 내려왔다면 여자의 출산이 어떻게 되었을지 생각해 보기 바란다. 고작 3kg 정도의 작은 아이를 낳는 것만 해도 엄청난 고통이거늘 여기서 다시 열 달 동안 연장하여 키운 아이를 과연 인간의 여자가 낳을 수 있을까? 열 달이 아니라 불과 한 달만 임신 기간이 연장되어도 모자는 당장 생명의 위기에 직면할 것이다.

뇌의 확대와 더불어 출산의 어려움이 심각해지는 가운데 이런 문제로 목숨을 잃은 모자는 수를 헤아릴 수 없을 정도였을 것이다. 그런 가운데 이 난국을 헤쳐 나갈 수 있는 여자가 등장하였다. 그 여자는 당시의 평균 임신 기간보다 좀 더 빨리 출산하는 유전적 성질을 우연히 갖추고 있었다. 이렇듯 우연하게 발생하는 유전적 성질 또는 유전자 변화는 돌연변이라고 하여 생물 일반에 일정한 확률로 발생한다는 것이 밝혀졌는데 그 여자 조상은 임신 기간에 해당하는 유전자의 돌연변이에 의해 약간 앞서 아이를 출산하는 조산의 성질을 부여받게 된 것이다.

조산은 다시 말해 태어날 아이가 다소 작은 단계에서 태어나는 것이다. 그런 까닭에 조산은 좁은 산도의 문제를 좀 더 안전하게 해결하는 길을 개척하였다. 이렇듯 돌연변이에 의해 조산의 성질을 부여받은 여자는 다른 여자보다 확실하게 아이를 낳을 수 있게 되었고 자연히 거기에 자연 도태가 작용하게 되었다. 그 결과 이 조산의 성질은 그 여자한테서 딸에게로, 다시 그 딸에게서 손녀에게로 이어져 내려오면서 서서히 여자 조상들 속에 퍼져나갔을 것이다. 그리고 마침내 여자 조상이 일반적으로 갖는 적응적인 성질로써 정착했을 것이다.

그러나 그 후에도 인간의 뇌는 계속해서 확대되었다. 그에 따라 조산의 성질이 몸에 밴 여자 조상도 한층 큰 뇌를 갖게 된 아이로 인해 재차 출산의 어려움과 생명의 위험에 내몰리게 되었다. 그래도 여자 조상은 그때마다 돌연변이를 통해 더욱 짧은 임신 기간에 출산하는 조산의 성질을 획득함으로써 이 난국을 헤쳐 나갔다. 그 결과 오늘날에는 본래 임신 기간의 절반 정도에 해당하는 임신 기간만으로 출산하기에 이르렀다. 앞서 인간 여성의 특질로써 지적한 미숙아 출산의 성질은 이렇게 해서 적응적 성질로써 현대 여성에게까지 이어져 내려오게 되었다.

미숙아가 초래한 가족의 문제

　　　　　머리가 큰 아이를 무사히 출산하기 위한 적응적 조산. 그 당연한 결과로써 부여받은 작고 미숙한 아이. 인간 진화의 대가로써 짊어지게 된 무거운 과제를 여자 조상들은 이런 식으로 극복해 왔다. 그러나 그것은 여자가 지닌 번식의 어려움을 근본적으로 해결해 줄 비장의 카드는 아니었다. 출산의 어려움을 극복한 듯이 보인 미숙아 자체가 새로운 벽이 되어 여자 조상 앞을 가로막았기 때문이다.

　미숙아가 여자 조상을 번민하게 만드는 이유 중 한 가지는 그 운동 기능의 미숙함 때문이다. 이미 설명한 바와 같이 인간의 신생아는 스스로 자신의 머리를 지탱하지 못한다. 이것은 여자 조상에게 새로운 부담을 안겨준다. 만약 아이가 저 스스로 목을 가눌 수 있다면 여자는 한 손으로 아이를 안고 다른 한 손을 쉴 수 있다. 그렇게 되면 여자는 아이를 안아 이동할 때 나뭇가지 등을 밀어내거나 장해물을 제거할 수 있다. 자유로운 손으로 균형을 잡으면 보행도 안정되어 좀 더 안전하게 아이를 옮길 수 있다. 나무의 작은 가지를 흔들어 귀찮게 들러붙는 벌레를 쫓아버릴 수도 있다. 또한 손이 닿지 않는 높은 곳의 영양이 풍부한 나무 열매나 과실을 흔들어 떨어뜨릴 수도 있다. 아이를 품에 안고도 땅속줄기 식물이나 뿌리를 캘 수 있고 동물성 단백질원인 곤충을 잡을 수도 있다. 한 손이 자유로우면 성가신 소형 포식자를 쫓아버리기에도, 또한 대형의 포식자로부터 달아나기에도 무척 유리했을 것이 틀림없다. 그렇지만 목을 가누지 못하는 아이를 안고 있느라 두 손이 묶여버린 모친으로서는 이런 일들을 바랄 수 없었을 것이다.

이것은 자력으로 어미에게 매달림으로써 어미의 행동을 그다지 방해하지 않는 침팬지의 새끼에 비하면 무척 큰 차이를 보인다. 인간의 모친은 음식물도 제대로 섭취하지 못하고 건강을 해치는 바람에 자식의 성장과 방위는커녕 생명의 위기에 처할 때도 종종 있었을 것이다. 영양이 풍부한 음식물을 충분히 섭취할 수 없기 때문에 여성으로서 지방 축적도 제대로 되지 않고 출산율의 저하도 피할 수 없었을 것이다. 실제로 일본원숭이를 다룬 보도에 의하면 준(準)자연 상태에서 관리되고 있는 미야기 현[宮崎縣] 코우지마[幸島]의 개체군에 먹이를 제한하자 새끼 원숭이의 사망률은 15%에서 69%로 증가하고 출산율은 66%에서 32%로 감소하였다. 여자의 조상은 이와 비슷한 어려움 속에서 힘겨운 자식 양육을 떠맡게 되었을 것이다.

이에 더하여 미숙한 아이는 모친에게 또 한 가지 무리한 요구를 하게 됐다. 그것은 다름 아닌 대량의 영양 요구이다. 미숙한 상태로 태어난 인간의 신생아는 탄생 직후에 유인원인 침팬지나 조상인 원인의 두 배에 해당하는 영양분을 필요로 한다. 이 요구는 그 후 급속도로 증가한다. 생후 1년이면 침팬지의 약 2.5배, 2년이면 3배 그리고 5년이 되면 약 5배에 이르는 많은 에너지를 요구한다. 이 에너지의 대부분이 급속도로 성장하는 뇌에 공급된다. 뇌는 출산을 어렵게 만드는 것에 더하여 에너지 요구라는 점에서도 모친에게 큰 부담을 안긴다. 그렇지 않아도 미숙한 아이 때문에 음식물도 충분히 섭취 못하는 그 힘겨운 시기에 아이의 큰 뇌는 가차 없이 모친에게 영양 공급을 강요한다.

가족의 기원과
진화

이렇듯 미숙아를 양육하느라 고생이 지속된 여자 조상의 분투도 마침내 한계에 달하고 남자의 협력 없이는 자식 양육 임무를 완수할 수 없게 되었다. 그러나 남자는 좀 더 많은 암컷을 차지하고자 기회를 엿보는 포유류의 일종인 수컷이다. 그런 남자로 하여금 다른 여자에게 향하는 관심을 봉인시키고 아내와 함께 자식 양육에 종사하게 만드는 것은 쉬운 일이 아니다. 처자 곁에 머무는 것 자체가 남자의 적응도를 감소시키고 자연 도태상으로도 불리하기 때문이다.

그렇다면 여자 조상은 이 어려운 문제에 어떻게 대응하고 어떤 방식으로 남자를 회유하여 아버지로서 키워냈을까? 사실 앞서 말한 불가사의한 성적 특질은 이 어려운 문제를 해결하고자 진화한 특질이라고 여겨진다. 그와 같은 특질을 무기 삼아 여자는 남자를 아버지로서 키워냈다. 그 시나리오를 다시 추적해 보고자 한다.

여자의 고난도 전략 전술

　　　　　　　남자의 조상은 좀 더 많은 여자를 생식 자원으로 삼기 위해 서로 경쟁하였다. 초기의 원인은 이 경쟁의 승패를 완력이 결정지어 주었다. 그 때문에 남자에게는 한층 더 큰 몸집을 선호하는 자연 도태가 작용하고 남자의 몸은 여자보다 커지게 되었다.

이 경쟁을 통해 남자는 여러 명의 여자를 번식 파트너로서 획득하고 다른 남자들로부터 지켜내 일부다처로 번식하였다. 당연한 결과로 남자 중에는 번식 파트너인 여자를 확보하는 데 실패한 사람도 있었다. 그래도 이들은 포기하지 않고 다른 남자가 보호하는 여자를 빼앗고자 기회를 엿보았다. 혹은 틈을 노려 다른 남자의 여자를 유혹하고 생식의 목적을 달성하려는 시도도 하였을 것이다.

한편 여자의 파트너인 남자는 자신에게 도전해 오는 남자들을 힘으로 쫓아버리거나 자신의 파트너에게 접근하여 유혹하는 남자들을 경계하는데 바빴을 것으로 생각된다. 또한 자신의 파트너에게도 항상 예민한 감시의 눈길을 보내는 등 다른 남자와의 성적 접촉을 막는 일에 시간을 소비했을 것이다.

시대가 경과하여 조상의 뇌가 대형화하기 시작했을 무렵 여자의 조상에게 난산의 징조가 보이기 시작했다. 그리고 그것과 거의 때를 같이하여 여자의 몸에 조금씩 변화가 나타나기 시작했다. 그중 한 가지로 유방이 서서히 커지기 시작했다. 그 이전에는 수유기를 제외하고는 그다지 눈에 띄는 일이 없었던 유방이 점차 커지기 시작하여 나중에는 수유기 이외의 시기임에도 그것을 알아차릴 수 없을 정도의 크기를 유지하게 되었다. 이것은 당시 남자들의 눈에도 매력적으로 비쳤다. 다소 커진 유방이 번식에 필요한 지방의 축적 능력이 높다는 것, 즉 그 여자가 번식 능력이 높은 질 좋은 암컷임을 시사하는 성징(性徵)이었기 때문인지도 모른다. 만약 그렇다면 그와 같이 큰 유방에 매력을 느끼는 남성의 성질은 남자의 적응도를 높이는 좋은 성질로써 정착하게 되었을 것이다. 현재 여자의 큰 유방에 대한 남자의 관심은 여기서부터 출발했는지도 모른다.

그런데 여자의 유방이 커지고 거기에 남자가 강한 매력을 느껴 다가가는데도 불구하고 여자에게 두 번째 기묘한 성질이 나타나기 시작했다. 그것은 자신의 임신 타이밍을 겉으로 드러내지 않는다는 특질이다. 여자의 조상은 유인원인 침팬지와 달리 자신의 배란 시기를 겉으로 드러내는 일 없이 깊숙이 간직해 두었던 것이다.

이것은 남자의 조상에게 혼란을 불러일으켰다. 만약 여자의 조상이 침팬지의 암컷처럼 자신의 배란을 겉으로 드러내어 선전한다면 남자는 그 여자를 상대로 언제 번식 노력을 하면 되는지 알 수 있다. 하지만 그런 일이 없기 때문에 남자의 조상은 생식 행동의 적절한 타이밍을 알아채지 못한다. 배란 시기만 알면 그때만 주의해서 파트너를 보호함으로써 파트너가 다른 남자의 자식을 낳는 위험을 피할 수 있다. 그러나 남자의 조상으로서는 그 시기를 알아차릴 만한 단서가 없기에 파트너를 효과적으로 보호할 수 없었다. 그래서 남자의 조상은 파트너 곁을 오랜 시간 떠나 있기 어려워졌던 것이다. 아마도 남자는 항상 어중간하게 파트너 곁에 붙어 민감하게 감시를 계속하도록 강요받았을 것이다. 이 때문에 남자의 조상은 파트너 외에 다른 여자를 찾거나 쫓아다닐 시간을 갖기 어려워졌고, 결국 겉으로 드러나지 않는 배란은 남자의 조상으로부터 '외출금족령'의 효과를 보았을 것이다.

이에 더하여 남자를 당혹스럽게 만든 것은 비슷한 시기에 진행된 여자의 또 한 가지 불가사의한 특질, 즉 성(性) 활동의 활발화이다. 생리주기 중 불과 며칠 동안만 남자를 받아들였던 여자는 그 능력을 조금씩 높여나간 끝에 상당한 일수(日數)에 걸쳐 남자의 요구에 응할 수 있게 되었다. 이러한 여자의 특질이 남자를 당혹스럽게 만드는 원인이 된 것은 이 성질도 앞서 말한 숨겨진 배란과 마찬가지로 남자로 하여금 효과적으로 알을 수정할 타이밍을 파악하기 어렵게 만들었기 때문이다.

만약 여자가 다른 동물의 암컷처럼 임신 가능성이 없을 때는 남자를 피한다든지 거절한다든지 하여 성 활동을 거부하면 남자는 무익한 성 행동을 하지 않아도 된다. 그뿐만 아니라 그때는 자신의 파트너가 다른 남자의 아이를 낳을 위험이 없다는 것도 알 수 있다. 따라서 그러기 위한 시간과 에너지를 다른 활동에 효과적으로 할애할 수도 있다.

그러나 여자가 배란기 이외의 시기에도 남자의 요구에 응하면 남자로서는 그 성 활동이 임신으로 이어질 유효한 활동인지 아닌지 확신할 수 없다. 남자의 성적 활동이 수정으로 이어질지는 어둠 속에 파묻히고 남자로서는 전혀 파악할 수 없게 되어버린 것이다. 이렇듯 언제 배란될지 알 수 없는 난자를 우연에 의존하여 수정시키려면 남자는 일정한 빈도로 파트너에게 정자를 보내야 한다. 그러기 위해 남자는 파트너 곁을 오랫동안 떠나 있을 수 없다. 항시 파트너 가까이에 머물면서 끈기 있게 성 활동을 반복하는 일이 필요했을 것이다. 장기간 파트너 곁을 떠나 자유로운 생활을 즐기다가 마음이 동할 때 훌쩍 돌아오는 생활이었다면 난자 수정은 성공하기 어려웠을 것이다.

결국 남자의 큰 고환은 남자끼리의 수정 경쟁에 대해서 뿐 아니라 빈번하게 정자를 보낼 것을 암암리에 요구하는 여자의 번식 전략에 대한 적응으로써 진화한 것일지도 모른다.

큰 유방에 걸려든 남자

이렇듯 여자는 보란 듯이 큰 유방으로 남자의 마음을 끄는 한편 수정할 타이밍을 감추는 동시에 높은 성 활동 능력을 익혀 남자의 성 활동에 대응함으로써 남자가 자신을 버리고 다른 여자에게 달려가는 것이 수지에 맞지 않는 환경을 만들어냈다. '여기저기 경박한 여자를 전전하며 나를 내버려 둘 생각이면 당신의 아이는 낳을 수 없어요'라는 식의 교묘한 생태학적 조건을 수컷에게 제시한 것이다.

이것은 남자로서 무시할 수 없는 조건이다. 원래 남자는 끊임없이 여자를 찾아 무작위적으로 성적 활동을 반복하는 이른바 '호색형' 남자로서 번식에 임해왔다. 호색형 남자는 다른 모든 남자가 자신과 똑같은 호색가인데다 완전 자유 경쟁 속에서 여자를 다투는 사회에서 정말 괜

찮은 번식 전략이다. 그러나 여자의 불가사의한 성적 특질에 대응하여 여자 곁에 머물면서 여자를 단단히 보호하고 높은 빈도로 성적 활동에 종사하며 자식 양육에도 협력하는 '가족형' 남자가 등장하면 사정은 일변한다.

그 첫 번째 이유는 생식 상대인 여자를 구하기 어려워진다는 점이다. 모든 남자가 호색가 타입으로 여자를 전전하고 파트너를 보호하지 않는다면 남자는 다음 여자를 찾기도 쉽고 생식의 기회도 있다. 하지만 여자 곁에 머물면서 여자를 단단히 보호하고 자신의 파트너에게 다른 남자가 접근하는 것을 엄히 경계하는 가족형 남자가 등장하면 호색형 남자로서는 그만큼 상대 여자를 찾기 어려워진다. 또한 가족형 남자는 당연히 여자에게 바람직한 남자이므로 이런 타입의 남자가 출현하면 그를 원하는 여자가 많아지지만 반대로 호색형 남자는 여자들에게 외면당하고 인기가 떨어지게 된다.

두 번째 이유는 여자의 번식 속도의 문제이다. 호색형 남자와 생식한 여자는 남자로부터 자식 양육 협력을 얻을 수 없으므로 자식 양육에 온갖 고생을 다한다. 그 결과 이 여자는 자식 양육에 시간이 걸리는 데다 자신의 체력도 소모되기 때문에 다음 생식 때까지 그만큼 오랜 시간이 필요하다. 그에 비해 가족형 남자와 쌍을 이룬 여자는 남자의 협력 덕분에 체력 소모가 한결 적어서 다음 번식에 좀 더 빨리 들어갈 수 있다. 즉 번식 속도가 빨라짐으로써 결과적으로 생애 번식 횟수가 많아지고 더 많은 자식을 남기게 된다.

세 번째 이유는 자식의 생존율 향상이다. 호색가의 아이를 양육하는 것은 모친뿐이므로 양친에 의해 양육되는 가족형 남자의 자식에 비해 생존율이 낮아지는 것은 피할 수 없다. 설사 살아남는다 해도 가족형 남자의 자식과 번식 관련 경쟁에서 승리를 거둘 가능성이 낮아진다.

적어도 이와 같은 이유에서 가족형 남자의 적응도는 호색형 남자의 적응도보다 높아지고 자연 도태상 유리해진다.

이와 같이 처자를 버리고 다른 여자에게 달려가려는 수컷으로서의 남자를 자식 양육에 협력하는 아버지로서 키워낸 여자의 전략에 경의를 표하지 않을 수 없다. 여자의 조상은 불가사의한 성적 특질을 습득함으로써 수정 타이밍을 감추고 그럼으로써 남자를 자신 곁에 묶어 두는 데 성공하였다. 여기에 이르러 남자의 조상은 자식 살해 예에서 소개한 유럽참새의 수컷과 같은 입장에 서게 되었다. 유럽참새의 수컷은 두 번째 암컷과의 사이에서 태어난 자식이 자신의 유일한 핏줄이 되었을 때 두 번째 암컷에게 협력하여 자식을 양육하는 것이 자연 도태상 유리해지는 까닭에 '자주적으로' 두 번째 암컷의 자식 양육에 협력하였다. 인간 남자 역시 자신을 붙잡아둔 여자가 낳은 자식이 자신의 유일한 핏줄이 되었을 때 가족형 남자의 길을 선택한 쪽이 더 높은 적응도를 향유하고 자연 도태상 유리해졌다. 그런 연유로 남자는 여자에게 강요받을 필요 없이 스스로 원해서 가족형 남자가 된 것이다. 여자의 조상은 유럽참새의 두 번째 암컷과 마찬가지로 단지 우격다짐으로 남자에게 자식 양육을 강요한 것이 아니다. 요컨대 자식 양육에 협력하는 것이 남자에게도 유리해지는 조건을 준비해 두고 남자로 하여금 자주적으로 자식 양육에 협력하도록 유도한 것이다.

자식 양육의 협력자로서의 남자

필자는 지금까지의 시나리오에서 특별한 이유를 들지 않고 자식 양육에 어려움을 겪는 여자에게 협력하는 자는 그 여자에게 자식을 임신시킨 남자라고 말해 왔다. 이것은 진화생태학적으로도 올바른 것이다. 자식을 낳은 모친 주변에 머물면서 자식 양육에 협력할 수 있는 개체는 자식의 생물학적인 부친 외에 모계쪽 혈연자나 부계쪽 혈연자 또는 비혈연자 등등 여러 가지를 생각할 수 있다. 그러나 이 가운데 자식 양육을 함으로써 자연 도태상 가장 유리해지는 개체는 당연히 부친으로서의 남자이다. 부친은 자식 양육에 협력함으로써 자기 자신의 유전자 복제라는 생식 목적을 좀 더 나은 형태로 달성할 수 있기 때문이다.

부친과 모친의 혈연자도 경우에 따라 일정한 이익을 얻을 수 있지만 그 이익의 크기는 부친의 이익에 미치지 못한다. 물론 비혈연자는 헬퍼 사례에서 설명한 바와 같이 특별한 경우를 제외하고는 자식 양육에 협력해도 자연 도태상 득이 되는 일은 없다. 그런 까닭에 여자의 자식 양육에 협력하는 개체는 일반적으로 남편에 해당하는 남자가 된다.

그러나 번식 개체의 혈연자도 자식 양육에 협력함으로써 이익을 얻을 수 있다. 예를 들어 번식을 위한 영역권이나 먹이 자원이 부족해서 소수의 개체밖에 번식할 수 없는 경우 개체는 차선책으로써 헬퍼가 되어 혈연자의 번식을 돕고 그렇게 함으로써 일정한 번식 이익을 얻을 수 있다. 아프리카에 서식하는 난쟁이몽구스가 그중 한 예이다. 이 몽구스는 약 9마리의 개체가 집단을 이루어 생활하는데 이 중 번식하는 개체는 사회적으로 가장 지위가 높은 수컷과, 마찬가지로 가장 지위가 높은 암컷뿐이다. 다른 개체는 극히 드물게 번식하는 경우도 있지만 대개는 헬퍼로서 이들 번식 개체의 자식을 돌본다.

흥미로운 점은 번식 암컷의 자매에게 나타나는 가짜 임신과 유즙 분비이다. 번식 암컷의 자매 중에는 번식 암컷의 임신과 때를 같이하여 내분비적인 임신의 징후를 보이고 심지어 유즙까지 분비하는 개체가 있다. 그리고 번식 암컷이 자식을 낳으면 모친과 공동으로 그 아이에게 젖을 먹인다. 이것은 가장 극단적인 헬퍼 행동이지만 이 유모 역을 담당하는 암컷은 혈연자의 자식을 돌보는 것이므로 그 일을 통해 어느 정도 간접적으로 자신의 유전자를 복제할 수 있다.

이와 같은 가짜 임신과 유즙 분비 현상은 인간에게도 나타나지만 이와 관련하여 흥미 있는 사실은 여자의 불가사의한 성적 특질 중 하나로 거론한 여자의 생리 전염이다. 긴밀한 사회관계를 유지하면서 생활하는 여자들의 생리 주기가 같아진다는 불가사의한 특질, 그것은 여자들 간의 자식 양육 협력을 촉진하는 하나의 메커니즘일 가능성이 있다. 특히 자매 사이는 함께 생활하는데다 사회적으로도 무척 긴밀한 관계에 있다는 점을 고려하면 생리의 동기 메커니즘은 자매의 생리적 친화성을 높이고 서로의 번식을 지원할 수 있는 가능성을 높이는 메커니즘으로 진화했을지도 모른다.

이 점을 쉽게 설명해 주는 예가 암사자들의 동기적(同期的) 발정이다. 사자의 암컷은 혈연자끼리 그룹을 만들어 생활하는데 이들 암컷은 같은 시기에 발정하는 것으로 알려져 있다. 이러한 동기적 발정은 먼저

발정이 시작된 암컷이 발정을 유발하는 페로몬을 다른 암컷들에게 방출함으로써 발생한다. 이것에 의해 사자의 암컷은 같은 시기에 교미하고 같은 시기에 출산한다. 그 결과 암컷들은 서로서로 자매 등 혈연자의 자식에게 젖을 물릴 수 있다. 이 '상호 수유' 덕분에 일부 암컷이 자식에게 수유하는 사이에 다른 암컷은 사냥에 나서는 등 효과적인 분업이 가능해진다.

사자와 마찬가지로 페로몬에 의해 생리 주기가 같아지는 인간의 양육이 여자에 대해서도 같은 양상을 상상해 볼 수 있다. 만약 그렇게 된다면 자매간에 유모 등의 역할을 서로 분담하고 자식 양육에 상호 협력하는 일은 진화생태학적으로 보아 불합리한 것이 아니다.

가족을 지탱하는
메커니즘

가족의 진화에는 앞서 설명한 바와 같은 진화생태학적인 이유가 존재한다. 그러나 그것만으로는 불충분하다. 가족이 실제로 진화하려면 이에 더하여 가족의 진화를 실현하기 위한 구체적인 메커니즘이 마련되어야 한다. 제8장과 본 장에서 소개한 남자와 여자의 다양한 성적 특질은 이를 위한 메커니즘이다. 그러나 이 밖에 또 한 가지, 가족의 진화와 관련된 중요한 메커니즘이 있다. 그것은 남자와 여자의 지아비성(性)과 지어미성(性), 부성(父性)과 모성(母性)이다.

지아비성과 지어미성의 진화

수컷이 아버지로서 자식 양육에 협력하는 동물 중

에는 수컷이 자식뿐 아니라 아내에게도 시간과 에너지를 소비하여 투자하는 동물이 있다. 개과의 북극여우나 자칼, 이리 등이 그 예이다. 이들은 모두 자식 양육을 위한 먹이 확보가 쉽지 않아 암컷 혼자서는 자식 양육이 어려운 동물이다. 실제로 이들 동물은 수컷이 자식에게 먹이를 주는 등 아버지로서 암컷의 자식 양육에 협력한다. 하지만 그래도 이들 동물의 암컷은 자식 보호나 수유 때문에 둥지를 벗어나지 못할 때가 많고 그 때문에 암컷 자신은 먹이를 섭취하기 어렵다. 그래서 이들 동물의 수컷 또는 헬퍼는 둥지에 있는 암컷에게 먹이를 가져다준다. 예를 들어 북극여우의 수컷은 임신 중인 암컷에게 나그네쥐나 산토끼, 바다쇠오리 따위의 동물을 포획하여 가져다준다. 암컷에 대한 수컷의 먹이 공여는 암컷이 새끼에게 한창 수유하는 중에도 계속된다.

이렇듯 아내에 대한 남편의 투자가 인간 남자에게도 진화했을 가

능성이 있다. 오늘날의 남성은 결혼하면 아내와 함께 살 집을 마련하기 위해 많은 노력을 기울이는데 이것은 그중 한 예에 불과하다. 남자는 남편으로서 아내의 안전과 식량 확보에도 신경을 쓴다. 그 밖에 여러 가지 어려움에 처한 아내의 상담에 응하는 등 정신적인 지원에도 마음을 쓴다. 이처럼 남편이 아내를 대하는 행동은 정도의 차이가 있을지 몰라도 결혼한 부부 사이에서는 흔히 있을 수 있는 행동이다. 그리고 이러한 이타적인 봉사는 아내 이외의 생판 남에게 할 수 있는 일이 아니다. 그 내면에는 뭔가 진화생태학적인 이유가 있다고 본다.

그 이유는 아버지로서 자식 양육에 협력하게 된 남자의 입장에서 단한 사람의 배우자인 아내와의 번식을 통해 번식 성적을 좀 더 높이는 길은 자식을 보호하고 먹이는 것 외에 아내를 보호하고 식량을 공여하는 등 아내에게 투자해야 한다는 것이다.

아내에 대한 투자의 직접적인 효과는 아내의 건강을 양호한 상태로 유지하고 아내의 유즙 분비를 촉진함으로써 자식에게 가는 영양 주입을 높이는 것이다. 그러나 이 밖에도 아내에 대한 투자는 아내의 번식 속도를 높일 가능성이 있다. 제5장에서 소개했다시피 아내에 대한 식량 공여나 아내에게 스트레스를 가져오는 여러 가지 장해 요인으로부터 아내를 방위하는 일은 아내의 건강 및 정신 상태를 양호하게 유지하고 그럼으로써 아내의 출산 간격을 단축시킨다. 그것은 결국 아내의 생애 번식 횟수를 높이고 남자의 생애 번식 성적을 높인다. 그런 까닭에 남자가 아내에게 최선을 다하는 성질은 자연 도태에 유리하게 작용하는 적응적인 성질이라고 본다.

이와 같이 아내를 보호하고 식량을 공여하는 등 아내의 번식 성적을 높이는 데 기여하는 남자의 행동적·심리적인 성질을 여기에서는 '지아비성(夫性)'이라 부르고 자식 양육에 협력하게 된 인간 남자의 적응적 성질로써 평가한다. 비슷한 성질은 여자에게도 진화할 것으로 판단된다. 여자에게도 남편과의 인간관계를 양호하게 유지하고 남편을 고무하여 자식 양육에 힘쓰게 함으로써 궁극적으로 서로의 번식 성적을 높이게 되는 심리적·행동적 성질이 발달할 가능성이 있다. 그와 같은 여자의 성질을 여기서는 지아비성과 대비하여 '지어미성(妻性)'이라 부르기로 하겠다.

지아비성과 지어미성은 남자와 여자에게 피차 더없는 아내와 남편이라는 자각을 불러일으킨다. 상대에게 서로 마음을 써주고 돌봄으로써 남자와 여자의 유대를 강화하고 협력 관계를 촉진한다. 그리하여 남자와 여자가 힘을 합쳐 자식 양육이라는 대사업에 나설 수 있도록 작용한다. 요컨대 지아비성과 지어미성은 가족의 진화를 지탱하는 중요한 성질이라 할 수 있다.

사랑이라는 특별한 감정의 행동생태학적인 기능은 이것과 관련이 있는지도 모른다. 사랑은 남녀 간에 상대에 대한 특별한 관심과 의식이 싹텄을 때 시작된다. 이렇게 싹튼 연모의 정은 남자와 여자를 강한 힘으로 끌어당기고 지극히 개인적이면서도 이타적인 인간관계를 구축한다. 이 연애를 통해 남자와 여자는 서로가 인생의 반려임을 자각하고 가족을 이루는 특별한 협력 상대임을 인정하게 된다. 서로에게 남편 또는 아내가 될 만한 자각과 인식이 생겨나고 점차 남편 혹은 아내로서의 배려와 행동적 성질인, 지아비성과 지어미성으로 성장해 갈 것이다.

부성과 모성의 진화

남자가 자식 양육에 참여함으로써 핵가족이 진화한 이래 남자에게는 자식의 생존과 성장에 기여하기 위한 성질이 발달해왔을 것이다. 그것은 일단 가족의 일원이 되어 아내만을 배우자로 삼게 된 남자로서 기대할 수 있는 자식은 기본적으로 아내가 낳는 아이밖에 없기 때문이다. 이러한 입장의 남자가 생애 번식 성적을 최대한 높이는 길은 단 한 가지, 아내가 낳은 아이의 생존율을 높이기 위해 잘 키우는 일이다. 그런 까닭에 자식의 생존과 성장에 영향을 주는 남자의 성질은 자연 도태의 대상이 되었을 것이다. 다시 말해 남자한테는 감정, 심리, 행동적 성질까지 포함하여 자식의 생존과 성장을 촉진하기 위한 성질이 진화했을 것으로 여겨진다. 여기에서는 이와 같이 자식의 생존과 번식을 촉진하는 남자의 성질을 '부성'이라 부르기로 하겠다.

부성은 아버지로서의 인간 남자를 특징짓는 뚜렷한 성질이라 할 수 있다. 이것은 자식 양육의 다양한 장면에서 확인된다. 우선 인간의 부친은 다른 동물의 부친이 자식에게 행하는 일은 모두 한다. 인간의 부친은 포식자나 동종의 멤버가 가하는 공격과 위해로부터 자식을 방위한다. 자식을 위해 먹을 것을 조달하고 쾌적한 주거를 제공하기 위해 열심히 땀 흘려 일한다. 자식을 안아주거나 달래는데도 시간을 할애한다.

자식이 더 자라면 부친은 인간으로서 특유의 부친 행동을 한다. 예를 들어 원시 시대의 아버지는 조상으로부터 물려받은 생활의 지혜나 자신의 경험을 통해 얻은 귀중한 교훈을 자식에게 일러주었을 것이다. 가령 위험한 포식자는 어디에 숨어 있으며 어떻게 막아내야 한다든지 등 자식의 생명을 위험에 빠뜨리는 환경 요인으로부터 몸을 지키는 기술을 전수했을 것이다. 사냥하는 법과 사냥 도구를 만드는 법 따위에 관한 지혜도 알려주었을 것이다. 먹어도 되는 것은 무엇이며 먹으면 안 되는 것은 무엇인지에 관한 지혜도 분명 알려주었을 것이다.

　선사 시대 및 유사 시대에도 이러한 부친 행동은 형태는 달라도 변함없이 계속되었을 것이다. 부친은 논밭을 가는 법과 거기에 쓰이는 농기구를 만드는 법, 그리고 씨는 언제 어떤 식으로 뿌려야 하는지, 작물은 어떻게 관리해야 하는지, 하나하나 자상하게 가르쳤을 것이다. 그뿐 아니라 부친은 인간 사회의 구조 및 교제 방법과 관련하여 갈등은 어떻게 피해야 하는지, 트러블에 휘말릴 경우 어떻게 대응해야 하는지 등등 사회적인 대응 방식에 대해서도 귀중한 가르침을 전해주었을 것이다.

　더욱이 오늘날의 부친은 학교나 학원에 드는 경비를 부담하는 것은 물론이고 함께 놀아주거나 산이나 강으로 데리고 나가 여러 가지 경험을 시키는 등 자식을 위해 많은 노력을 기울인다. 자식의 교우 관계에 마음을 쓰고 상담에 응하거나 격려하는 등 정신적인 지원도 아끼지 않는다. 이렇듯 자식에 대한 부친의 지원은 자식이 성인이 된 이후에도 계속된다. 부친은 자식이 독립할 때가 되면 자식의 주거를 위해 출자도 한다. 자식이 결혼할 때면 대부분의 부친은 경제적으로 원조한다. 자식에 대한 부친의 지원은 여기에서 그치지 않고 집들이나 출산 축하 선물 등의 형태로 계속되며 최종적으로는 재산 양여로까지 이어진다.

여기에 예로 든 인간 부친의 자식 양육 행동이 자식의 생존과 성장에 무척 중요한 역할을 한다는 것은 의심할 여지가 없다. 만약 이러한 생활의 지혜를 자식이 일일이 시행착오를 겪으면서 스스로 경험하고 획득하려면 수년 혹은 수십 년에 이르는 오랜 시간과 막대한 에너지가 필요할 것이다. 또한 시행착오 과정에서 저지르는 잘못은 자식의 생명을 앗아갈 수도 있다. 사회생활을 하면서 저지르는 착오는 인간관계를 회복 불가능한 상태로까지 악화시키거나 상대를 적으로 만들어 버릴 우려도 있다.

물론 이와 같은 자식에 대한 부친의 투자는 부친 한 사람만의 힘이 아니라 모친과의 공동 투자임에 틀림없다. 그러나 그 이유여하를 불문하고 인간 부친의 자식에 대한 투자를 다른 동물과 비교해볼 때, 인간 부친의 투자가 출중하게 크다는 것을 알 수 있다. 인간의 남자는 동물계 최고의 좋은 아버지라고 할 수 있으며 그것을 지탱하는 것은 다름 아닌 남자의 부성이라고 생각된다.

남자에게 부성이 있다면 여자 역시 자식의 생존과 성장에 기여하는 행동적, 심리적 성질 및 생리적 성질을 갖추고 있다. 예를 들어 여자는 자식에게 젖을 먹이고 자식을 방위하며 자애를 담아 이야기하고 달래는 등 애정을 쏟아 기른다. 이렇듯 여자의 자식 양육에 관련된 성질을 여기서는 '모성'이라 부르기로 하겠다. 모성도 부성과 마찬가지로 자식의 생존율과 번식 성적을 높이는 데 기여한다. 다만 양자의 기원은 크게 다르다. 아마도 부성은 핵가족의 진화를 계기로 진화했겠지만 모성은 그보다 훨씬 오래전으로 거슬러 올라가서 포유류가 진화하여 모자 가족의 형태로 자식 양육을 시작한 그 시점부터 모든 포유류의 암컷에게 필수 성질로써 갖춰져 있었을 것이 틀림없다.

이상과 같이 살펴볼 때 사랑이란 지아비성과 지어미성을 양성함으로써 남자와 여자를 부부 관계로 이끌어가기 위한 심리·감정 메커니즘이라고 생각된다. 그렇게 해서 부부가 된 남녀 사이에 자식이 태어났을 때 그 자식이 남자와 여자에게 부성과 모성을 양성한다. 이런 의미에서 남자와 여자는 자식에 의해 길러지게 된다. 그리하여 여기에 부성과 모성이 뒷받침된, 심리적으로 단단히 맺어진 핵가족이 탄생한다. 남편, 아내, 자식으로 이루어지는 핵가족은 이와 같이 지아비성과 지어미성, 부성과 모성에 의해 생겨나고 지탱된다고 할 수 있다.

현생인류는 신인(新人)으로 불린다. 신인은 약 15만 년 전에 아프리카에서 진화하여 그 후 유라시아 대륙, 오스트레일리아, 남북 아메리카 등 전 지구상의 대륙과 섬으로 넓게 퍼져 분포하였다. 신인의 뇌는 모든 인류 중 최대인 1,300㎖에 달한다.

그렇다면 핵가족은 인간 진화사(史) 중 어느 무렵에 진화하였을까? 인간의 핵가족을 진화시킨 주요 요인이 미숙아이며, 그것을 초래한 원인이 큰 뇌라는 점에 기초하여 추측하면 15만 년 전에 진화한 우리 신인이 핵가족의 형태로 생활했음은 거의 확실하다. 문제는 그 이전에 '언제, 어떤 조상이 핵가족을 진화시켰는가'이다.

신인 이전에 진화한 구인도 확실히 핵가족의 형태로 생활했을 것으로 여겨진다. 그것은 구인이 신인의 뇌에 필적하는 크기의 뇌를 가지고 있었기 때문이다.

제10장

인류의 진화와
가족의 변천

최초의 가족

인류의 조상은 원인

인류 진화의 역사는 500만 년에 이르며, 그 가운데 가장 오래된 인류의 조상은 원인(猿人)으로 불린다. 원인은 약 500만 년 ~200만 년 전에 걸쳐 번영한 인류의 조상으로, 그 사이에 아파르 원인이나 아프리카누스 원인 등 몇 종 이상의 원인으로 나누어졌다. 이 중 최후의 원인으로서 240만 년 전쯤에 등장한 호모 하빌리스는 그 이전의 원인에 비해 1.6배 큰 680㎖ 정도의 뇌를 지니고 있었다.

원인의 뒤를 이어 진화한 인류의 조상은 원인(原人)으로 불린다. 원인은 160만 년~20만 년 전까지 장기간에 걸쳐 번영을 구가하였으며 뇌의 용량은 무려 850~1,200㎖에 달하였다.

원인과 교체하여 등장한 인류의 조상은 네안데르탈인을 대표하는 구인(舊人)으로 불리는 사람들이다. 이들 구인은 20만 년~4만 년 전까지 생존하였으며, 그들의 뇌는 이미 1,200㎖에 달하였다.

우리 현생인류는 신인(新人)으로 불린다. 신인은 약 15만 년 전에 아프리카에서 진화하여 그 후 유라시아 대륙, 오스트레일리아, 남북아메리카 등 전 지구상의 대륙과 섬으로 넓게 퍼져 분포하였다. 신인의 뇌는 모든 인류 중 최대인 1,300㎖에 달한다.

그렇다면 핵가족은 인간 진화사(史) 중 어느 무렵에 진화하였을까? 인간의 핵가족을 진화시킨 주요 요인이 미숙아이며, 그것을 초래한 원인이 큰 뇌라는 점에 기초하여 추측하면 15만 년 전에 진화한 우리 신인이 핵가족의 형태로 생활했음은 거의 확실하다. 문제는 그 이전에 '언제, 어떤 조상이 핵가족을 진화시켰는가'이다.

신인 이전에 진화한 구인도 확실히 핵가족의 형태로 생활했을 것으로 여겨진다. 그것은 구인이 신인의 뇌에 필적하는 크기의 뇌를 가지고 있었기 때문이다.

또한 대표적인 구인인 네안데르탈인이 세상을 떠난 사람의 시체에 식물의 꽃을 곁들여 매장했던 점을 시사하는 증거가 있는데 이 점에서 구인이 평소 무척 다정한 사람들과 함께 생활했음을 엿볼 수 있다. 그 죽음에 꽃다발을 곁들일 만큼 애통해 한 것으로 보아 세상을 떠난 이가 가족 중 누군가일 가능성이 높다고 보는 것이다.

진화 이전과 이후의 뇌

구인 이전의 원인도 뇌의 크기로 보아 핵가족으로 생활했을 가능성은 있다. 그들의 뇌의 크기는 상당히 불규칙하게 분포되어 있긴 하지만 그중 큰 뇌는 신인의 크기와 별 차이가 없다. 이런 점에서, 이들 원인(原人) 중 적어도 일부가 핵가족으로 생활했음을 충분히 짐작할 수 있다. 또한 70~80만 년 전의 북경원인(北京原人)은 오랜 세월에 걸쳐 동굴 안에서 불을 사용하면서 생활했음을 시사하는 유적(遺跡)이 발견되었는데, 그곳에서 함께 생활한 사람들이 핵가족이었을 가능성은 부정할 수 없을 듯싶다. 또 한 가지, 원인은 인류 사상 최초로 본격적인 수렵을 시작한 조상이라고 보는데 수렵은 종종 사람과 사람의 협력이 필요하기 때문에 가족의 진화를 추진하는 요인의 한 가지라고 판단된다. 따라서 본격적 수렵 개시는 다시 말해, 원인에게 핵가족이 진화했음을 시사하는 자료라고 볼 수 있다.

그렇다면 원인(原人)에 앞서 생존한 원인(猿人) 호모 하빌리스는 어떠할까? 그들은 인류의 진화 사상 최초로 그 이전의 원인(猿人)이나 침팬지와 비교하여 유난히 큰 뇌를 가진 조상이다. 그렇지만 그 뇌가 여자의 출산을 어렵게 했는지 아닌지 추측하기는 쉽지 않은 일이다. 다만 몸 크기와 뇌의 크기로 추측하건대 당시의 여자가 난산을 경험했을 가능성은 부정할 수 없을 듯싶다.

또한 그들은 다른 동물들이 죽인 동물을 먹으며 살았다는 주장도 있는데 그 주장대로라면 호모 하빌리스는 긴밀한 협력 관계를 유지하며 생활했을 가능성이 있다. 그 협력 관계의 기본이 핵가족이었을 가능성도 부정할 수 없다.

그리고 보면 핵가족이 언제 진화했는지 좀 더 정확히 알기에는 아직 자료가 부족하다. 특히 조상의 뇌의 크기며 산도의 크기 등 출산에 관련된 해부학적인 데이터가 필요하다. 그러나 이상의 논거에 기초하여 생각하면 현시점에서 핵가족은 초기 원인(原人)의 단계 혹은 그 이전의 하빌리스 원인의 단계에서 진화했다고 보는 것이 타당할 듯싶다.

진화하는
핵가족

원시 시대의 가족

　　　　　남자의 자식 양육에 대한 협력을 실현함으로 진화한 인간의 핵가족은 그 후에도 미숙한 신생아를 길러낸다는 가족 본래의 생물학적 기능을 수행하는 데 있어서 결정적으로 중요한 역할을 담당해 왔다고 본다. 그런 까닭에 핵가족은 인간 사회 속에서 확고한 위치를 차지하고, 보편적인 기본 사회 구조로써 인간 사회에 정착했을 것이다.

　그러나 핵가족이 자식 양육 집단의 유일한 형태는 아니다. 가족은 원래 동물이 그 서식 환경에 대응하여 진화시킨 적응적인 자식 양육을 위한 협력 집단이다. 그렇기 때문에 가족을 둘러싼 생태학적 환경이 변하면 가족의 구성 멤버는 각자의 이해에 따라서 거기에 반응하고 그 결과

가족의 형태도 변한다. 개개비사촌의 예처럼 먹이가 윤택하고 암컷 단독으로 자식 양육이 가능할 때는 수컷이 암컷의 곁을 떠남으로써 핵가족이 분해되고 대신 모자 가족이 출현한다.

인간의 가족도 그 후의 진화사(史) 속에서 자연환경 및 인간 자신이 만들어낸 사회적인 환경 변화에 유연하게 대응해 왔을 것이다. 예를 들어 핵가족의 부친이 사망 따위의 이유로 핵가족에서 이탈했을 경우 핵가족이 분해하여 모자 가족이 되는 일은 드물지 않았을 것이다. 또한 그 부친의 빈자리를 모친의 자매가 메워 자식 양육에 참여하고 확대 모자 가족으로써 자식 양육을 계속하는 경우도 종종 있었을 것이 틀림없다.

그러나 이러한 일시적인 가족의 변화와는 별도로 인간의 가족은 좀 더 크고 장기적인 환경 변화 및 생활 양식의 변화에 대해서 적응적으로 형태를 바꾸었을 것이다. 예를 들어 원인은 그 이전까지 있었던 채집 중심의 생활에서 벗어나 본격적인 수렵을 개시한 것으로 추측되는데 그때 원인(原人)의 가족도 변화되었는지 모른다. 왜냐하면 혼자서도 가능한 식물성 먹이의 채집과 달리 수렵에는 여러 사람의 공동 작업이 필요할 때가 많기 때문이다. 특히 커다란 사냥감이나 재빠르게 달아나는 준민한 사냥감을 포획하는 데 있어서 단독 수렵은 아무래도 비효율적이었을 것이다. 실제로 동물계에서도 사자는 아프리카들소처럼 대형의 사냥감을 포획할 때 여러 마리가 함께 사냥을 한다. 재갈매기나 리카온은 재빨리 달아나는 사냥감을 포식할 때면 수렵 효과가 좀 더 높은 집단 수렵을 한다.

그러므로 만약 원인이 본격적인 수렵 생활에 들어갔다면 원인의 가족 또한 이들 동물과 마찬가지로 좀 더 많은 멤버로 구성된 큰 가족으로 변화되었을 것이다. 예를 들어 새끼의 먹이를 모으느라 고생하는 물총새에게서 보듯 혈연자 헬퍼가 번식 핵가족에 참여하여 번식쌍의 자식 양육을 돕는 것과 마찬가지로 원인 역시 사내아이의 일부는 성인이 된 후에도 부모 곁에 머물면서 부친의 수렵에 가담하여 가족을 돕는 경우가 있었을 것이다. 그리고 그 결과 규모가 한 단계 큰 확대 가족을 형성하여 생활하게 되었을 것이다. 혹은 비혈연자 물총새가 제2레벨로써 확대 가족에 가담하여 혼성 가족이 생겨난 것처럼 인간의 핵가족이나 확대 가족도 친지나 몸을 의탁할 가족이 없는 비혈연자 남성이 모여 혼성 가족을 형성하는 경우도 있었을 것으로 짐작된다.

　후기의 신인(新人)은 매머드나 바이슨 따위의 대형 사냥감을 수렵하였다. 구(舊) 체코슬로바키아의 어느 지역에서는 조상인 신인이 100마리나 되는 매머드를 포획한 것으로 여겨지는 함정이 발견되었다. 남러시아에서는 1,000마리나 되는 바이슨을 벼랑 끝으로 몰아붙인 후 그곳에서 벼랑 아래로 떨어뜨려 포획했음을 시사하는 흔적이 발견되었는데 이러한 대규모의 수렵에는 틀림없이 상당수의 사냥꾼의 협력이 필요했을 것이다. 그 때문에 당시의 신인은 몇몇 가족이 모여 촌락(村落)을 형성하여 생활했던 것으로 판단된다.

　이와 같이 인간의 가족은 원시 시대를 거치면서 핵가족에서 확대 가족, 더 나아가 혼성 가족으로 대형화하는 방향으로 모습을 바꾸었을 것으로 짐작된다.

유사 시대(有史時代)의 가족

이렇게 해서 형성된 큰 형태의 가족은 우리 신인의 조상이 약 1만 년 전에 농경 목축을 시작한 후에도 그 큰 규모를 유지해왔을 것으로 짐작된다. 왜냐하면 농업에는 많은 사람의 힘이 필요하기 때문이다. 특히 농업 기술이 유치한 데다 야산을 개간하여 논밭 따위의 생산기반을 처음부터 준비해야만 했던 당시의 신인에게는 이러한 농작업을 위한 일손이 많으면 많을수록 좋았을 것이다. 플로리다 덤불어치의 새끼가 새롭게 영역권을 개척하는 일이 어렵기 때문에 부모 곁에 남아 헬퍼로서 부모의 번식을 돕는 것처럼 이 시대의 조상도 자식이 새롭게 논밭을 얻기 힘든 경우에는 성인이 된 후에도 부모 곁에 남아서 헬퍼로서 농작업에 종사하였을 것이다. 또한 동물의 헬퍼가 번식쌍과 힘을 합해 영역권 확대에 힘쓰는 것과 마찬가지로 이들 인간 헬퍼도 미개척 산지로 나뉘어 들어가 밭을 개간하며 생활기반 확충에 힘을 쏟았을 것이다.

한편 농업이 더욱 발전하고 그 규모가 커지면서 혈연자만으로 구성된 가족으로는 대처하기 어려운 문제가 생겨나자 우리의 조상은 이 문제를 해결하기 위해 하인이나 하녀 등 비혈연자들도 가족에 포함시키게 되었다. 더욱이 대규모의 농업 공사를 할 때는 가족 간의 협력도 필요로 하게 되었다. 예를 들어 밭에 물을 끌어들이는 수로를 만들기 위해서는 우선 밭이 있는 장소로부터 멀리 떨어진 강의 상류에 강을 막기 위한 둑을 만들어야 한다. 그러자면 견고한 바위를 부수거나 크고 무거운 돌을 운반하고 커다란 나무를 베어 치목을 만드는 등 대규모의 토목

공사가 필요하다. 그곳에서 강 하류의 밭으로 물을 옮기는 수로의 건설은 많은 사람의 협력이 있어야 비로소 가능해지는 어려운 사업이다. 또한 평소의 유지 관리는 물론이고 홍수 등으로 인해 파괴되었을 경우 이러한 농업 기반을 수복하는데도 많은 일손이 필요하다. 이와 같은 어려움을 극복하기 위해 몇몇 가족이 협력하여 대처해 온 것이다.

그 후 사람들은 시대의 변화 및 사회 환경의 변화에 유연하게 대처하면서도 기본적으로는 핵가족 또는 대가족을 중심으로 한 생활 형태를 유지해 왔다. 이러한 가족의 변천 속에서 가족이라는 집단에는 몇 가지 새로운 사회적 기능도 첨가되었으나 자식을 양육한다는 가족 본래의 생물학적 기능이 상실되는 일은 없다. 가족은 태어난 아이에게 최대한의 관심을 기울이고 다양한 모임을 통해 탄생을 축복하고 건강한 성장을 기원하며, 가족의 힘을 결집해 왔다. 이것은 핵가족이 보편화된 오늘날의 사회에서도 변함이 없다.

조부모가 장수하게 되면서 조부모가 가족 속에 머무는 일도 일반적인 현상이 되었을 것이다. 일찍이 일본에서는 오히려 이런 식의 확대가족이 일반적이었다. 조부모는 핵가족에 부담이 되고 진화생태학적으로는 불이익을 가져올 것이라 생각하겠지만 오랜 기간에 걸쳐 쌓은 경험을 전수함으로써 가족에게 귀중한 공헌을 하는 경우도 있다. 실제로 18~19세기 핀란드의 농촌과 19세기 캐나다의 농촌을 대상으로 출생과 사망에 관한 기록을 해석한 결과 조부모는 자식의 번식 성적을 높인다는 사실이 확인되었다. 이 결과에 의하면 조부모는 자식에게 여러 가지 생활의 지혜를 주고 가사나 육아에 협력함으로써 자식이 낳는 손자의 수를 증가시킨다. 동시에 손자의 생식률을 높이게 된다. 조모의 경우 폐경 후에도 살아남아 자식의 번식을 돕는 기간이 길어질수록 손자의 수가 많다는 것도 확인되었다. 또한 조모는 자식(딸)이 폐경하여 아이를 낳지 못하는 연령이 되면 사망률이 증가하였다. 이것은 폐경 이후의 여자의 수명은 자식이 낳은 손자의 생식률을 높이는 데 공헌하고 자식이 폐경하여 손자의 탄생을 기대할 수 없게 되면 종료되도록 설계되어 있다는 것, 요컨대 자식의 번식을 위해 존재한다는 것을 시사한다.

현대의 가족

번식 혁명을 가져 온 피임 기술

확대를 계속해 온 인간의 가족은 인간이 생물의 역사상 유례없는 기술을 손에 넣는 데 결정적인 영향을 끼쳤다. 그것은 피임(避妊) 혹은 중절(中絕)이라는 산과적인 기술이다. 말하자면 인간은 자연의 섭리 또는 자연 도태라는 생물계의 가장 기본적인 원칙에 정면으로 반역하는 기술을 손에 넣은 것이다. 물론 이 기술은 그것을 필요로 하는 사회적 요청에 따라 개발되어 인구 조정 등에 커다란 공헌을 해온 것은 틀림없는 사실이다. 중국의 '외동 정책'을 비롯하여 여러 국가의 '가족 계획'에 공헌하고 있음은 의심할 여지가 없다.

그러나 이 기술이 인간의 성 행동에 끼친 부차적인 영향은 지대했다. 그 이전까지만 해도 여자가 남자와 육체적인 접촉을 갖는다는 것은 거의 임신이나 다름없는 일이었다. 아이가 생기면 남자든 여자든 평생 라이프 스타일의 선택 범위가 제한된다. 남녀 모두 그때까지의 자유로운 생활에서 밀려나 자식을 책임지는 사회인으로서 생활하도록 강요받는다. 그런 까닭에 젊은 사람들, 특히 미혼의 여성이 이성과 육체적으로 접촉할 때는 일생일대의 큰 결심을 하고 임하였다. 여자의 선택 범위는 단 한 가지, 자식을 낳아 기르는 일에 맞춰져 있었기 때문이다. 프리섹스 따위를 선택한다는 것은 임신이 가능한 성(性)인 여자로서는 생각할 수도 없는 일이었다.

그런데 피임 기술이 이것을 180도 바꾸어 버렸다. 여자가 남자와 육체적인 접촉을 경험한다 해도 임신이라는 자연의 제약으로부터 자유로워진 것이다. 이 기술 덕분에 여자는 평소 성 활동의 결과로써 선택의 여지없이 주어지는 '많은 자식'을 회피할 수 있게 되고 자식의 수를 줄이는 대신 극진하게 양육하는 '소산다투자(小産多投資)'라는, 인간만이 향유할 수 있는 번식의 길이 열리게 되었다. 더욱이 '자식을 낳지 않을 자유'라고 하여 생물계에서는 있을 수 없는, 오직 인간 여성만이 향유할 수 있는 선택권도 주어지게 되었다. 중절이라는 기술을 이용함으로써 임신한 자식을 도로 없애는 '인위적인 유산'도 선택 가능하게 되었다. 그 이전의 생식 활동 경력을 초기 상태로 회귀할 수 있게 된 것이다.

피임과 중절의 기술은 그야말로 생물의 진화 사상 처음 있는 획기적인 번식 혁명이라고 할 수 있다.

가족의 소형화·다양화

확대의 길을 걸어온 가족은 피임 기술의 보급에 더하여 최근에는 사회적으로 커다란 변화를 맞이하게 되었다. 그것은 다름 아닌 경제의 경이적인 발전이다. 일본은 1950년대 중반에 들어서자 경제가 발전하기 시작하였다. 경제 발전은 1964년 도쿄 올림픽을 계기로 급속도로 가속화되기 시작하여 제2차 산업에 이어 제3차 산업도 크게 발전하기에 이르렀다. 이들 산업은 농촌의 잉여 인구를 형성하고 있던 차남 이하의 자식을 자석처럼 빨아 당겼다. 이들 기업이 집중된 도쿄나 오사카와 같은 대도시에는 중학교를 졸업하는 동시에 '집단 취직 열차'에 오른 아이들이 전국 각지에서 모여들었다.

이와 때를 같이하여 일본의 지방 도시나 마을에는 성인이 된 자식들이 확대 가족을 이탈하면서 핵가족과 조부모로 이루어진 확대 가족이 보편화되기 시작하였다. 한편 도회지에서는 지방에서 모여든 젊은 성인이 결혼하여 세대를 이루고 핵가족 형태로 생활하게 되었다. 그 결과 일본은 지방에서는 확대 가족이, 도회지에서는 핵가족이 일반화되었다.

거기에 그치지 않고 그 후에도 가족은 사회 정세의 변화와 함께 지속적으로 변천하였다. 우선 지방의 시·읍·면에는 예전부터 있어온 확대 가족이 보이는 한편, 젊은 부부가 독립하여 세대를 이룬 결과 핵가족도 등장하게 되었다. 더욱이 젊은 성인이 계속해서 빠져나가는 바람에 가족이 분해되고 노부부만 남겨지는 경우도 매우 많아졌다. 또한 도회지에서도 이혼이 증가함에 따라 핵가족이 붕괴되고 모자 가족이 눈에 띄게 되었다. 또한 싱글마마(Single mama) 지향의 모자 가족도 드물게 나타나기 시작했다.

이 변화의 가장 큰 원인은 사람들을 둘러싼 경제적인 환경 변화이다. 앞서 말한 대로 일본은 1950년대 중반부터 시작된 경제 발전 덕분에 제2차 산업에서 젊은이들을 위한 일자리가 풍부하게 공급되고 이후 제3차 산업의 흥륭으로 인해 취직의 문은 더욱 넓어지게 되었다. 동물과 마찬가지로 일본인 또한 생활 환경이 호전되어 타인과의 협력 없이도 생활할 수 있게 되자 개인적인 자유를 제한하는 요소 중 하나인 많은 가족에게 얽매일 필요가 없어졌다. 좀 더 자유로운 생활을 찾아 독립하여 생활하게 된 것이다.

이런 경향은 이른바 '거품 경제'로 인해 가속화되고, 오늘날에는 '프리터(직업을 정하지 않고 2~3개의 겹치기 아르바이트로 생활을 하는 사람)'라는 좀 더 자유로운 형태의 라이프 스타일도 적잖이 등장하게 되었다. 이러한 사회 환경 속에서는 사람들이 독립된 생활을 추구하고 그 결과 가족이 분해하는 것도 행동생태학적인 면에서 예측 가능한 일이다.

이와 같이 일본에서는 근래 들어 큰 형태의 가족에서 작은 형태의 가족으로 변화하는 동시에 여러 가지 형태의 가족이 등장하면서 가족이 다양화되었다.

인생관과 성 풍조의 변화

오늘날 일본의 가족이 소형화, 다양화된 원인으로

써 또 한 가지 빼놓을 수 없는 것이 젊은층의 가치관 및 인생관의 변화이다. 과거 일본에서는 남자든 여자든 생활의 기반은 전답(田畓)이었다. 거의 유일한 생활 자원인 전답 없이는 남자도 여자도 생활의 양식을 확보할 수 없었다. 그리고 여자가 이 자원을 손에 넣는 길은 오직 결혼밖에 없었다. 결혼을 함으로써 비로소 여자는 남편이 소유한 전답이라는 생활 자원을 이용하여 살아갈 수 있었던 것이다. 새의 암컷이 수컷의 영역권 자원을 이용하여 생활하는 것과 마찬가지이다. 결혼이 곧 '영구적인 취직'이라고 일컬어진데에도 이유가 있었던 것이다.

'저팬 에즈 넘버원(Japan as Number 1)'으로 불린 일본 경제는 이와 같이 젊은 층을 둘러싼 경제 환경을 확 바꾸어버렸다. 고도성장을 이룩한 일본 경제는 그때까지 전답에 얽매여 있던 사람들을 해방시켰다. 새롭게 발달한 2차 및 3차 산업은 여자의 힘으로도 가능한 일자리를 마련해 주었다. 아니, 여자이기 때문에 더욱 효과적일 수 있는 일자리도 많이 공급되었다. 직장을 얻은 여자는 전답에 종속되는 일 없이 경제적으로 자립할 수 있게 되었다. 또한 그것에 동반하여 각자 자기 자신이 이해하는 자립적인 라이프 스타일을 추구할 수 있게 되었다. 1985년 일본에서 제정된 '남녀 고용 기회 균등법'도 이것을 뒷받침하였다.

이와 같은 여자의 경제적인 자립이 피임과 중절이라는 기술과 결부되어 여성의 성에 관한 사고방식에 영향을 주기까지는 그다지 오랜 시간이 걸리지 않았다. 여자는 여러 가지 라이프 스타일을 지향하는 동시에 성에 대해서도 다양한 선택의 범위를 향유하게 되었다. 결혼에 대해서도 종래의 결혼관에 머물지 않고 만혼이나 비혼을 지향하는 여자가

눈에 띄게 되었다. 자립하여 살아갈 수 있게 된 여자의 입장에서 과거
에는 높은 벽이었던 이혼의 장벽도 별다른 장애가 되지 않자 이혼을 단
행하는 여자의 수가 급속도로 증가하였다. 바야흐로 여자는 만혼이든
비혼이든 이혼이든 재혼이든 거의 누구나 스스럼없이 선택할 수 있게
된 것이다.

친자 관계에 아파하는
현대 가족

제6장에서 설명한 대로 가족은 원래 수컷이나 암컷, 자식 혹은 헬퍼 등 이해가 일부 대립하는 멤버가 모여 이루어진 집단이다. 그런 까닭에 가족은 앞서 말한 것과 같은 환경 변화에 의해 구성원 간의 이해관계에 마찰이 생기는 경우가 있다. 친자 간에 생겨난 마찰은 부모의 자식 학대가 되어 표면화되고 가족의 붕괴를 가져올 때가 있다.

자식 유기와 학대

제7장에서 소개한 바와 같이 동물의 가족은 여러 가지 원인 때문에 부모가 자식을 버리거나 형제자매 살해를 방치하고

혹은 자식을 죽이기도 한다. 동물의 가족은 이와 같이 부모가 자식에 대한 부모 행동을 포기함으로써 붕괴한다.

　이 점은 인간도 마찬가지이다. 인간도 부모가 자식에 대한 관심을 잃거나 자식을 방치함으로써 가족 붕괴가 발생한다. 빈곤에 허덕이는 동남아시아나 아프리카 등지의 국가들은 부모에게 버려진 아이들이 거리로 나와 이른바 '스트리트 칠드런'으로서 생활하는 모습이 매스컴을 통해 종종 보도되고 있다. 1998년 6월 6일 자 〈아사히신문〉은 몽골의 울란바토르에서 맨홀을 거처 삼아 생활하는 '맨홀 칠드런'의 모습을 전하고 있다. 이 아이들은 가난과 부모의 폭력으로부터 달아나 가출한 아이들로 종일 거리의 쓰레기통을 뒤지거나 도둑질로 주린 배를 채운다. 그리고 밤이 되면 맨홀을 통해 지하로 숨어 들어가 좁은 지하 틈에서 몸을 기댄 채 밤을 보낸다. 이와 같은 맨홀 칠드런은 인구 60만 명의 울란바토르에 어림잡아도 1,000명은 있는 것으로 보도되었다.

　일본에서도 부모가 자식을 보호하고 돌보는 데 태만하거나 자식을 무시하는 등 부모 행동을 포기하는 사건이 매스컴을 종종 떠들썩하게 만들었다. 예를 들어 오사카의 어느 모친(31세)이 여섯 살짜리 큰딸을 제대로 먹이지 않고 방치하는 바람에 아이가 사망한 사건이 있었다. 사망 당시 이 여자아이의 체중은 겨우 한 살배기 유아에 해당하는 9.3kg에 불과하였으며 극심한 저영양 상태에 빠져 있었다. 그에 더하여 이 모친은 아이에게 폭행까지 가했다. 자신의 딸이 쇠약해져 가는 것을 알면서 최소한의 치료조차 받게 하지 않았으며, 남편 역시 이 일을 알고 있으면서도 방치하였다.

유감스럽게도 이와 같은 부모의 자식 양육 포기로 인해 목숨을 잃는 아이가 끊이질 않는다. 일본 후생 노동성의 조사에 의하면 이런 부류의 아동 학대와 관련하여 아동 상담소에 접수된 상담 건수는 조사를 시작한 1990년도 이후 2002년이 가장 많았다고 한다. 그 내용은 신체적인 학대가 46%로 가장 많고, 이하 보호 태만 내지 거부가 38%, 심리적인 학대가 13%, 성적인 학대가 3%로 집계되었다.

자식을 육체적으로 잔혹하게 학대하는 부모도 있다. 아이를 꼬집고, 때리고, 차고, 바닥에 떨어뜨리는 것, 이외에 뜨거운 물을 끼얹는 잔인한 사건도 발생한다. 아동 학대는 부친뿐 아니라 모친에 의해서도 자행된다. 2003년 12월 9일 자 〈아사히신문〉 기사에 의하면 그 전년도에 전국의 아동 상담소에 접수된 아동 학대 통보 건수는 2만 4천 건이며, 그중 65%가 모친에 의한 학대라고 한다. 그 원인으로는 자신의 처지나 남편에 대한 불만, 혹은 남편에 대한 거리감 등 몇 가지가 지적되고 있는데 모친 자신이 어린 시절에 겪었던 불행한 경험이 원인이 된 경우도 있다.

예를 들어 30대의 어느 여성은 아주 사소한 점을 문제 삼아 상습적으로 큰딸에게 폭력을 행사하였는데 그 직접적인 원인은 자신이 온갖 애정을 다 쏟아 좋은 어머니로서 자식 양육에 힘쓰는데도 불구하고 딸이 생각만큼 따라와 주지 않는다는 것이었다. 그러나 전문가와의 상담 결과 모친은 어린 시절에 지금의 딸처럼 귀여움을 받은 적이 없었고 결국 딸에 대한 어머니의 질투가 빚은 사건이었음이 밝혀졌다.

자식 인신매매

　　　　　　몇몇 국가에서는 자식을 인신매매하는 일도 벌어지고 있다. 〈아사히신문〉의 보도에 의하면 베트남 남부에 거주하는 어느 가난한 농가의 부부는 갓 태어난 자신들의 아이를 미국 달러로 환산하여 1인당 500달러 안팎의 돈을 받고 팔아넘겼다 한다. 이들 갓난아이 가운데 몇 명은 그 후 외국인 부부 등에게 수천 달러에 팔렸다고 전해진다. 가나, 코트디부아르 등 서아프리카의 몇몇 국가에서는 부모가 가난을 이유로 10대 중반도 안된 여아를 돈을 받고 팔아넘기는 사례가 보도되었다. 이들 여아는 친척의 중개에 의해 인신매매되어 행상이나 가사, 농장 노동, 매춘 등으로 하루하루를 보내는 노예와 같은 생활을 강요당하고 있다. 아프가니스탄에서도 불과 열 살밖에 안된 소녀가 100kg의 보리와 맞바꾸어 '신부'로 팔렸다는 보도가 있다. 아프가니스탄 남부의 난민 캠프에서 지내는 어느 남성은 두 살 된 아들을 일본 돈으로 약 4,000엔을 받고 이웃 마을에 팔아넘긴 사건도 일어났다.

　이와 비슷한 사례는 적지만 동물에게서도 나타난다. 동물의 경우 부모에 의한 새끼 살해 등 외견상 비적응적으로 보이는 이들 행동에 행동생태학적인 이유를 적용하는 일이 가능하다. 하지만 인간의 경우 영아 살해는 별개로 하고 그 이외의 자식 살해는 발생률이 낮은 일이긴 해도 이와 같은 자식 살해에 대해서 적응적인 기능을 적용하기 어렵다고 본다. 현재까지는 여러 가지 이유로 궁지에 몰린 부모의 정신 착란 따위가 원인인 것으로 보는 견해가 지배적이다.

　부모에 의한 자식 학대나 자식 유기는 부모의 이해가 자식의 이해를 유린함으로써 발생한다고 해석된다. 각도를 달리하여 생각하면 자식을 보호하고 길러내는 모성이나 부성이 환경의 압력에 저항할 수 없게 된 결과로써 혹은 무언가의 이유로 기능 부전에 빠지게 된 결과로써 발생한다고 판단된다.

양부모에 의한
의붓자식 학대

　　　　자식 딸린 여자가 새로운 남자와 동거 또는 재혼함으로써 생겨난 가족의 경우 계부가 의붓자식을 괴롭히거나 학대하는 사례가 관찰되고 있다. 일본에서도 이런 부류의 사건은 결코 드문 일이 아니다. 〈아사히신문〉 보도에 의하면 시마네 현 이즈모 시에 사는 한 남자가 세 살배기 의붓아들을 발로 차고 거꾸로 쥐어흔들고 머리를 이불 위에 패대기치는 등의 학대로 인해 아이가 뇌출혈을 일으켜 중태에 빠지는 사건이 있었다. 나고야에 사는 한 남자는 동거 중인 내연의 처가 데려온 일곱 살짜리 딸을 육체적으로 학대하여 죽음으로 내몰기도 했다. 또한 사이타마 현 도코로자와 시에서는 내연의 남편과 동조한 모친이 4년 5개월 된 딸에게 밥을 주지 않아 쇠약사시키는 사건이 있었다.

　2001년에는 계부가 의붓자식을 성적으로 학대한 사건이 보도되었다. 이 계부는 재혼한 아내의 전남편 소생인 여고 3학년 딸아이를 상대로 자택에서 음란한 행위를 저질렀다. 경찰은 이 계부가 약 2년 전부터 상습적으로 의붓딸에게 성적인 학대를 가했다는 판단하에 조사 중이라고 하였다. 슬프게도 다름 아닌 피해자의 친모가 남편의 음란 행위에 응하도록 딸에게 강요하였다는 혐의가 드러났으며, 그에 대해 친모는 남편과 함께 '딸도 좋아서 한 일'이라며 혐의 사실을 부정하고 있다는 것이다.

계모에 의한 의붓자식 학대도 보도되고 있다. 오사카 부 기시와다 시에서는 내연의 남편 소생인 중학 3학년생 의붓아들을 계모가 학대한 사건이 보도되었다. 이 여자는 자신의 말을 잘 듣지 않는다는 이유로 학교 수업 시작 시간이 지나도록 아이를 못 일어나게하고 장기간 밥을 굶기는 등 학대를 계속해왔다. 그러나 한집에 사는 자신의 친아들은 학대하는 일이 없었다.

이와 같이 양부모에 의한 자식 학대는 세계적으로도 높은 빈도로 발생하고 있다는 것이 확인되었다. 예를 들어 1974~1983년 사이 캐나다에서는 양부모에 의한 자식 살해가 친부모에 의한 자식 살해의 수십 배에 달할 만큼 높은 빈도로 발생하였다. 한편 가족은 부모의 유전자를 널리 퍼뜨리는 일에 생물학적인 기능이 있다는 것을 생각하면 양부모에 의한 자식 학대 또는 살해가 친부모에 의한 그것보다 많이 발생하는 것도 행동생태학적으로 예측 불가능한 것은 아니다.

자식을 살해하는 이유

각기 다른 사회에서 발생하는 자식 살해를 비교 연구한 결과에 의하면 자식을 살해하는 이유는 여러 가지가 있으며 그중 모친의 자식 양육을 둘러싼 환경의 혹독함이 전체 이유의 50%를 차지할 정도로 크다고 조사되었다. 이 내용을 자세히 살펴보면 모친이 쌍생아를 낳았을 경우에 자식 살해가 높은 비율로 발생하였다. 미혼모가 자식을 낳은 경우에도 쌍생아를 낳은 경우와 비슷한 확률로 자식 살해가 발생하였다. 모친이 너무 어린 나이에 아이를 출산한 경우에도 많이 발생하였다. 계속해서 자식이 많거나 남자로부터 양육 지원을 얻지 못하는 등의 이유가 있었다. 이들 이유는 제7장에서 설명한 동물의 자식 살해 원인과 기본적으로 같은 맥락이라고 본다.

두 번째로 큰 이유는 자식의 생물학적인 질(質)에 관한 것이다. 즉 태어난 아이가 기형이거나 중병에 걸렸다는 이유로 자식을 살해하는 것인데 이 경우가 자식 살해 이유 중 약 19%를 차지한다. 이런 유형의 자식 살해는 조사된 35개 사회 가운데 21개 사회에서 나타나고 있는데 주목할 만한 점은 이들 사회 중 이런 이유에서 자식을 살해하는 것이 나쁘다고 여기는 사회는 단 한 곳뿐이라는 사실이다. 인간의 윤리적인 감정은 별개로 하고 이렇듯 살아날 가망이 없는 아이를 거부하는 것은 적응적인 부모의 반응이라고 이해할 수 있다. 동물계에서도 부모가 가사 상태에 빠져 움직이지 못하게 된 새끼를 방치하거나 잡아먹는 예가 있다.

세 번째 이유는 부친과 자식의 생물학적 관계에 대한 의심이다. 이것이 원인이 되어 발생하는 자식 살해도 자식 살해 이유 중 18%를 차지할 정도로 빈번하게 관찰되고 있다. 예를 들어 불륜의 결과 태어난 아이는 부친의 친자식이 아니라는 이유에서 살해의 대상이 된다. 아이의 겉모습이 타부족의 혈통과 닮았다는 이유에서도 자식 살해가 발생한다. 남 아메리카의 야노마모족과 오세아니아의 치코피아족은 전남편 소생의 젖먹이 아이를 가진 여자와 결혼한 남자가 여자에게 그 아이를 죽이라고 요구한다는 기록이 나와 있다. 이런 부류의 자식 살해는 다른 동물 사이에서도 무척 많이 관찰되고 있으므로 자식을 양육하는 동물의 공통된 성질이라고 생각된다.

나머지 15%에 해당하는 자식 살해 원인은 여아이기 때문에 또는 근친 교배에 의해 태어난 아이이기 때문에 등등 몇 가지 이유를 들 수 있다.

부부 관계에 병들어 가는
현대 가족

늘어나는 이혼

부부는 직접적으로는 지아비성과 지어미성에 의해, 간접적으로는 공통의 관심사인 자식에 대한 부성과 모성을 매개로 하여 맺어진다. 그런데 종종 부부 사이에 오해가 생겨 이혼까지 가는 경우가 있다. 일본에서는 이혼이 매년 증가하는 추세이다. 1997년 6월 30일 자 〈아사히신문〉이 전하는 후생성의 '1996년 인구 동태 통계의 개황'에 의하면 그 전년도인 1년간의 이혼 건수가 20만 쌍을 돌파했는데 이것은 이 통계법이 도입된 1899년 이래 최고치의 기록이라고 한다. 이 경향은 꾸준히 계속되고 있다. 2003년의 이혼 건수는 28만 4천 쌍에 달했다.

이혼의 원인은 성격 차이, 상대에 대한 불만, 남편의 술주정, 남편의 외도, 남편의 가정 폭력, 아내의 불륜 등 여러 가지를 들 수 있으며 최근에는 남편의 가정 폭력이 사회적인 시선을 끌게 되었다. 2003년에 발표된 내각부의 조사에 의하면 배우자나 연인으로부터 폭행과 협박, 성행위 강요 등 가정 폭력의 피해를 경험한 여성의 비율이 다섯 명 중 한 명꼴이었다. 피해의 80%는 폭력을 동반한 폭행으로 스무 명 중 한 명은 생명의 위협을 느끼고 있다. 실제로 의사의 치료가 필요한 정도로 상처를 입은 여성이 2.7%에 달했다.

반대로 아내의 바람 혹은 거기에 남편이 의심을 품어 발생하는 이혼도 눈에 띄게 늘어났다. 2002년 17일 자 〈아사히신문〉 기사에 의하면 아내(39세)가 서른 살이 지나면서 집 밖으로 관심의 눈길을 돌리기 시작하자 이때부터 남편(48세)은 아내의 일거수일투족에 민감해지기 시작했다. 그러던 차에 아내 앞으로 보낸 낯선 남자의 이메일 속에서 '바다 구경 가지 않을래요?'라는 친근한 유혹의 문구를 발견했다. 이후 아내에 대한 의심은 커져만 가고 남편은 사사건건 아내를 속박하게 되었다. 남편은 아내가 외출할 때마다 '누구와', '어디서', '무엇을', '몇 시까지'라는 식으로 따져 묻거나 휴대전화로 기색을 살피게 되었다. 심지어 임신한 아내에게 '누구 자식이냐?'라는 의심의 말까지 내뱉게 되었다. 결국 이 두 사람은 이혼을 했지만 남편은 이혼 후에 '결국 나 스스로에게 자신이 없었다.'라고 술회했다.

이렇듯 아내에 대한 남편의 자신감 상실은 남자의 질투와 표리 관계에 있으며 아내에 대한 가정 폭력으로 발전할 위험이 있다. 최악의 경우에는 제8장에서 설명했듯이 아내 혹은 그 외도 상대를 살해하는 사건으로까지 번지기도 한다. 일본에서도 이와 같은 사례가 보도된 바 있다. 1998년 사이타마 현 고시가야 시에 사는 한 남자(38세)가 아내와 불륜 관계에 있는 남자의 차를 자신의 차로 들이받아 정지시킨 후 지니고 있던 나이프로 그 남자의 목을 찔러 살해하였다. 범인은 살해당한 남자가 아내와 같은 직장 사람으로 아내와 불륜 관계에 있다는 것을 알고나서 이렇듯 흉악한 범행을 저지르게 된 것인데 범행 당시 아내는 그차의 조수석에 동승하고 있었다.

가족의 붕괴

여하튼 부부의 이별은 핵가족의 붕괴로 직결된다. 그 결과 자식은 대개 모친이 맡게 되고 아이는 모자 가족 또는 싱글 마마 아래서 성장한다. 후생 노동성의 조사에 의하면 일본에서는 모자 가족이 2001년까지 5년간 20% 증가한 것으로 확인되었다. 모자 가족이되는 이유로는 남편 사망이 약 20%를 차지하고 나머지는 이혼이나 미혼모 출산이 차지한다. 이 가운데 이혼은 매년 증가하고 있기 때문에이혼이 원인인 모자 가족도 증가 추세에 있다. 마찬가지로 미혼모 출산은 5년간 85%나 증가하였다.

모자 가족 내에서의 자식 양육은 자식의 성장에 있어서 여러 가지 문제를 안고 있다. 그중에서도 가장 어려운 것이 경제적인 문제이다. 부부의 이혼 후 모자 가족은 이혼한 남편한테서 양육비를 받는 것이 전제되어 있지만 실제로 양육비를 받는 모자 가족은 그리 많지 않다. 후생 노동성의 2001년도 발표에 의하면 부친으로부터 양육비를 받은 적이 없다는 모자 가족이 60%에 달했다. 또한 받고 있는 세대의 월평균 양육비는 약 5만 3천 엔이었다.

신문 보도에 의하면 2004년도 후생 노동성의 '모자 가정 백서'는 2001년도 모자 가정의 연간 소득이 평균 243만 5천 엔으로 일반 가정의 약 40%에 머문다고 한다. 모자 가정에서는 80% 이상의 모친이 일을 하고 있는데 그중 상시 고용은 절반에 그치고 40% 가까이가 임시 혹은 파트타임으로 일하고 있는 등 지위가 불안정하다. 완전 실업률도 전체 평균 5.3%에 비해 8.9%로 고비율이며, 이것을 볼 때 모자 가족의 80% 는 생활이 어렵다고 볼 수 있다. 이러한 모자 가족의 경제적 궁핍은 일본뿐 아니라 어느 국가에서든 공통적으로 나타난다.

가까운
미래의 가족

핵가족이 진화한 이래 확대의 길을 걸어온 인간의 가족 그리고 최근 들어 분해 또는 붕괴하여 축소된 가족. 가족은 이후에도 현재의 모습을 그대로 유지해 나갈 것인가 아니면 어떤 방향으로든 변화되어 갈 것인가?

가족의 행방은 가까운 미래에 인간의 생활 환경이 어떨지를 생각해 봄으로써 어느 정도 추측이 가능하다. 생활 환경 가운데 인간의 생활에 가장 큰 영향을 미치는 환경 요인은 식량 확보와 신변의 안전 확보에 직접적으로 관련된 경제 상황과 사회 환경이다. 또한 오늘날에는 결혼 전의 젊은이를 둘러싼 문화적 환경, 특히 성 풍조 따위의 문화적 환경도 가족의 모습에 영향을 준다. 그렇다면 이들 환경 요인은 가까운 미래에 어떠한 방향으로 변화되어 갈까?

경제·사회 환경

알다시피 일본 사회는 이른바 거품 경제가 붕괴되면서 오랜 기간 불경기를 경험하였다. 한때 그토록 자신감에 가득 차 있던 기업가들은 경제 한파에 신중해지고 긴급히 경영 긴축에 돌입하였다. 기업은 온통 구조조정이라는 명목 아래 해고 사태가 빈발하고, 이 때문에 주택 융자며 자녀 학비 등 출비에 몰리는 직장인들의 가정은 곤경에 빠지고 이를 비관한 자살 사건도 매일같이 발생하였다.

2004년 들어 일본 경제는 간신히 이 어두운 터널을 빠져나오기 시작했으나 그 후유증은 아직도 곳곳에 남아 있다. 국제 경쟁 속에서 기업은 인건비가 저렴한 해외로 생산 시설을 옮기며 살아남기 위해 노력 중이다. 그 결과 생겨난 '공동화(空洞化)'는 노동자의 일자리를 빼앗고 실업률은 여전히 높은 상태이다. 이와 같은 경제의 혹독함을 피부로 느끼게 된 국민은 좀처럼 지갑을 열려 하지 않는다. 그래서 경제 전문가는 일본의 개인 소비가 어느 정도 기세를 되찾을 때까지는 경기의 본격적인 회복을 기대하기 어렵다고 해석한다.

전문가들도 예측하기 어려운 일본 경제를 초보자인 필자로서야 가늠할 길이 없지만 우리 사회가 가까운 미래에 직면하게 될 문제가 무엇인지는 분명하다. 그중 한 가지는 식량 문제이다. 세계 식량 문제 연구가에 의하면 세계의 식량 공급은 1990년을 절정으로 감소하는 추세라고 한다. 그 원인은 식량을 생산하는 농업 기술이 거의 한계에 달하여 더 이상의 식량 증산을 기대할 수 없게 되었기 때문이다. 그러는 한편 세계 인구는 발전 도상국을 중심으로 증가 일로에 있다. 현시점에서 매년 약 8,000만 명씩 늘어나고 있으며 그런 까닭에 21세기는 세계적으로 보아 기아(飢餓)의 세기가 될 것이라고 예측하는 전문가도 있다.

이것이 일본에게 문제가 되는 것은 일본의 식량 자급률이 선진국 중에서도 유달리 낮다는 점이다. 일본의 식량 자급률은 에너지로 환산하여 40% 정도이다. 실제로 일본인이 섭취하는 식량 에너지의 60%는 수입에 의존하고 있다. 이에 대해 농수성은 2010년까지 식량 자급률을 45%로 끌어올리겠다는 목표를 내걸고 개선을 도모했다. 일본의 식량 자급률이 개선되지 않는다면 일본의 식량 안보는 세계 식량 시장의 영향을 피해가기 어렵고 미국 소고기 수입 금지의 여파로 소고기 덮밥을 먹을 수 없게 된 것 처럼 불안정해질까 매우 염려된다.

가까운 미래에 일본이 직면하게 될 가장 급박한 사회 문제는 고령화와 사회 복지 문제이다. 알려진 바대로 일본은 세계적으로 유례없는 고령화 사회를 맞이하고 있다. 이와 같은 고령자의 복지를 어떻게 보장할 것이냐가 국가적인 문제로 떠올랐지만 이것은 재정적으로 어려운 상황에 놓여 있다.

일찍이 일본은 세계적으로 자랑하는 연금 제도 덕분에 이와 같은 걱정은 할 필요가 없었다. 그런데 고령자의 수는 점점 증가하는 데 반해 세금을 내는 젊은 노동 인구는 매년 감소하고 있다. 더욱이 이들 젊은층의 상당수는 연금 제도의 신뢰성에 의문을 품고 이 제도를 외면하여 부금 납입을 회피하게 되었다. 그러자 정부도 어쩔 수 없이 자신의 노후는 자기 스스로 돌보는 길을 모색하지 않을 수 없게 되었다. 그에 따라 현재 한창 일할 나이의 장년 혹은 청년 노동자의 노후 복지는 더욱 더 불투명해지고 노후의 불안을 남기고 있다.

이에 더하여 국민들은 소비세의 증액을 각오해야 한다. 원래 3%였던 소비세는 복지를 표방하여 도입된 것인데 이것을 가지고 복지를 꾸려가기에는 무리가 있었다. 실제로 얼마 지나지 않아 소비세는 5%로 증액되었다. 하지만 그렇게 해도 국가재정은 노인 복지 문제를 해결하기 어려운 형편이다. 해결은커녕 거품 경제의 파탄과 전후하여 시작된 국채(國債) 난발로 인해 일본의 국가재정은 사상 유례없는 부채 지옥에 시달리게 되었다. 그래서 정부는 소비세 증액을 입 밖에 내지 않을 수 없게 되고 그것이 정치 일정에 오르는 것도 이제는 시간문제이다.

실제로 2003년 5월 30일 자 〈아사히신문〉에 의하면 경단련(經團連)은 현행 소비세율을 2007년도까지 10%로 증액하고, 그 후 2025년도까지 단계적으로 인상하여 18%로 정한다는 제언을 정리하여 제출하였다.

노인 복지 및 연금 제도, 소비세율의 인상은 국민이 피할 수 없는 사회문제이다. 일본 국민은 여기에 어떻게 대처하고 있을까? 같은 문제에 직면한 독일 국민은 생활의 레벨 다운을 애써 감수하였다. 고임금, 노동시간 단축, 늘어난 유급 휴가 등 전후 독일이 지향하고 실현한 이들 제도가 일제히 의문 부호를 찍게 되고 일부는 이미 해소되었다. 이에 이의를 주장했을 국민은 예를 들어 지멘스 사(社)가 유럽 최대 규모의 반도체 공장 건설지로서 임금이 비싼 독일 대신 영국의 뉴캐슬을 선택했다는 뉴스를 접하고는 입을 다물지 않을 수 없게 되었다.

더욱이 독일에서는 '무자녀 세금'을 징수하는 구상이 많은 지지를 받고 있다는 보도도 있다. 자식을 낳아 기르는 것은 고연령층의 연금을 부담하는 젊은 노동자의 의무라는 생각에서 '자녀가 많은 가정'에 대한 지원을 강화하는 세원(稅源)으로써 '무자녀 세금'이 정책 과제가 되었다고 한다. 만약 이 일이 실현되면 젊은 남녀의 라이프 스타일도 영향을 받지 않을 수 없을 것이다.

미래의 가족

일본의 경우 미래의 가족의 모습을 예상하는 데 앞서 고려해야 할 점은, 경제·사회 정세 외에 한 가지가 더 있다. 그것은 이렇다 할 불편 없이 자신이 원하는 생활을 향유해 온 젊은이들이 살아가야 할 미래의 생활이다. 특히 약 20년 전 '남녀 고용 기회 균등법'을 도입한 이래 눈에 띄게 사회에 진출하여 커리어를 쌓고 자립적인 생활을 추구해 온 독신 여성의 생활이 과연 미래에도 희망으로 가득찰 것인가 하는 문제이다.

여성들이 사회에 진출하기 시작하던 당초 커리어를 지향하는 여성은 여러 가지 의미에서 세간의 관심을 모았다. 새로운 직장에서 활달하게 일하고 스스로의 능력을 꽃피우는 여성에 관한 기사가 종종 신문지면을 장식하였다. 남자와 다른 시점에서 나온 여성의 발상과 의견이 신제품 개발을 가져오고 회사 업적을 향상시켰다는 뉴스도 심심치 않게 보도되었다. 이렇듯 활발하고 민첩하게 일하는 여성의 모습은 그동안 낡은 체질을 답습해 온 중년 이상 남성의 업무 태도와 좋은 대조를 이루며 사회에 신선한 인상을 남겼다.

그러나 세월이 경과하는 동안 일하며 자립한 여성의 생활에 부정적인 면이 떠오르기 시작했다. 예를 들어 처음에는 그 수가 적어 희소가치가 지극히 높았던 여성도 매년 입사하는 후배 여성에 의해 그 가치가 떨어지고 인기를 끌었던 직장 내 분위기에도 변화가 생기기 시작한 것이다.

후발 주자인 후배 여성은 처음에는 의지가 되는 아군이었으나 그 수가 늘어나면서부터 새삼 만만치 않은 경쟁자로 떠오르게 된다. 또한 나이가 들어감에 따라 젊은 후배 여성이 스트레스의 원인이 되고 인간관계도 삐거덕거리게 된다. 30대 후반에 돌입하면 자신의 체력이나 기력 및 능력의 한계를 자각하게 된다.

이에 더하여 사생활에서도 변화의 조짐이 나타난다. 나이가 들면서 어깨나 허리 등 건강상의 문제가 나타나게 된다. 혼자 생활하다보니 치안에 대한 걱정 때문에 불안한 밤을 보낼 때도 있다. 그와 동시에 마음의 공허를 느끼게 된다. 어느 여성은 업무 면에서는 만족하지만 그래도 못내 채워지지 않는 것이 있다고 속마음을 털어놓는다. 자신이 달성한 업적을 진심으로 기뻐해 주는 사람이 없다는 것이다. 그뿐만 아니라 자신의 성공은 왕왕 질투의 씨앗이 된다며 한탄한다. 결국 지금의 자신에게 필요한 것은 함께 기뻐하고 함께 슬퍼해 줄 인생의 반려임을 깨달았다고 고백한다.

20년 전 많은 여성이 희망에 부풀어 사회로 진출했을 때 그 20년 후의 인생에 대해서는 깊이 생각해 보지 않았던 듯싶다. 사회 진출을 꿈꾸는 여성에게는 당장 눈앞에 닥친 사회적인 자기실현이야말로 인생 최대의 관심사이며 결혼이나 출산은 그 일을 방해하는 번거로운 잡무에 불과했는지도 모른다.

소비세율의 인상, 닥쳐오는 고령화 사회와 노후의 불안, 이러한 사회 속에서 과연 사회적으로 활약하는 독신 여성이 맞이할 앞으로의 인생 후반은 어떻게 될 것인지, 미래의 가족의 모습은 이 결말의 여하에 따라 크게 좌우될 것으로 예상된다. 만약 일본의 경제·사회 정세가 재차 밝은 빛을 되찾고 혼자서도 안심하고 노후를 보낼 수 있는 제도가 정비되어 독신 인생을 즐길 만큼 보장된다면 사람들은 지금까지와 마찬가지로 각자 독립적인 라이프 스타일을 유지해 나갈 것이다. 이런저런 간섭이 없고 인간관계의 스트레스가 적은 마음 편한 생활은 포기하기 어려울 것이다. 이 경우 가족의 구심력은 발휘되기 어렵다.

그러나 만약 가까운 미래의 일본의 경제·사회 정세가 앞서 말한 것처럼 현재보다 더 어려워진다면 사람들의 라이프 스타일은 달라질지도 모른다.

사람들은 독신 생활의 비경제성이나 불안감으로부터 벗어나기 위해 인생의 반려자를 구하고 결혼 생활을 통해 인생의 길을 찾으려 들 것이다. 마음의 공백을 메우기 위해 결혼에 뛰어드는 사람도 늘어날 것이며 가족을 이뤄 생활하는 사람은 이혼으로 붕괴된 가족이나 모자 가족의 곤궁을 교훈 삼아 참된 가정 생활을 이루도록 가족 간의 유대를 강화시키고자 힘쓸 것이다. 그럼으로써 이혼이나 가족의 붕괴는 감소하고 가족은 그 구심력을 늘려 재차 복권될 것이다.

일본의 미래의 가족이 이 가운데 어느 쪽의 길을 가게 될지는 머지않아 밝혀질 것이라 생각한다. 또한 앞으로 만들어지는 양상은 행동생태학적으로도 주목을 받게 될 것이다.

가족을 불안정하게 만드는 요인

인간 가족의 무게

인간도 동물과 마찬가지로 자식을 보호하고 기르기 위해 남자와 여자가 중심이 되어 자식 양육을 위한 협력 집단, 즉 가족을 만든다. 그러나 인간의 가족은 다른 동물과는 비교가 되지 않을 정도로 자식 양육에 있어서 깊은 의미를 갖는다. 또한 인간의 가족은 자식이 성장하고 독립할 때까지 존재하는 일시적인 집단이라는 틀을 넘어 평생에 걸친 인간 생활에 중요한 의미를 안긴다. 가족은 자식이 독립한 후에도 서로가 물질적, 경제적으로 도움을 주고 지탱한다. 정신적으로도 가족은 마음의 안식처로써 중요한 기능을 다한다. 인간은 가족 안에서 진심으로 기쁨을 나누며 내일에 대한 활력을 얻는다. 가족 안에서 진정으로 슬픔과 고통을 나누고 서로 위로하는 것으로 어려움에 맞설 용기를 얻게 된다. 이처럼 가족의 물심양면에 걸친 지원이 없다면 실제로 우리 인간의 생활은 상당히 힘들고 외로워질 것이다. 가족이란 존재가 인간 생활에 있어서 이렇듯 중요한 의미를 지니고 있다는 점을 생각하면 앞으로도 가족은 더욱더 주목받고 중시되어야 마땅할 것이다.

그런데 이러한 가족이 처음에 설명한 대로 여러 가지 어려운 문제에 직면하고 있다. 제10장에서 언급했듯이 독신 생활을 지향하는 사람들이 늘어남에 따라 새롭게 생겨나는 가족의 수 자체가 감소하고 있다. 그 한편에서는 일단 형성된 가족이 부부의 이혼으로 인해 붕괴하고 있다. 그뿐만 아니라 부모의 자식 무시, 유기, 학대, 인신매매, 자살 등 부모와 자식 간의 연결 고리가 느슨해짐에 따라 붕괴하는 가족도 끊이지 않는다.

그렇다면 가족에게 몰아치는 이러한 불행을 방지하고 마음의 안식처로써의 가족 본래의 기능을 유지하려면 어떻게 해야 할까? 이 책에서는 동물 가족에 대한 행동생태학적 연구를 토대로 인간 가족의 기원을 추구할 목적으로 짜여 있기 때문에 이 의문에 직접적인 해답을 제시하지는 않는다. 다만 그와 같은 의문에 대해 직접 혹은 간접적으로 참고가 될 만한 사실이나 지견은 몇 가지 포함하고 있다. 이하 맺음말을 대신하여 그것들을 정리해 보았다. 모쪼록 독자 여러분에게 참고가 되길 바라는 마음이다.

결혼 전의 성경험에 대해

　　　　　　〈아사히신문〉에 실린 기사에 따르면 도쿄는 도내

청년 건전육성 조례에 '성행위가 허용되는 연령의 기준을 포함할 것인지에 관해 검토 중'이라고 한다. 이것은 성에 대한 지식이 충분하지 않은 시기의 성행위는 위험 요소가 많다는 점에서 아이들에게 그것을 피하도록 호소하는 데 목적이 있다. 그럼으로써 성의 소중함 및 위험성을 알지 못하는 아이들이 피해를 보지 않도록 예방하려는 것이다. 아이들의 임신 중절 및 성 감염증이 사회 문제가 되어 있는 현상을 고려할 때 행정도 더 이상 방관할 수 없게 된 것이다.

충분한 성 지식을 갖추지 못한 아이, 혹은 잘못된 성 지식에 놀아난 아이가 젊은 혈기 그대로 성행위에 치닫는 일이 아이 자신에게도 바람직하지 않다는 의견에 대해 반론을 제기할 사람은 거의 없을 것이다. 그래서 지금까지도 성에 관련된 신체 구조나 생식 메커니즘, 성 감염증의 위험 및 임신과 관련된 문제, 성도덕 등등 여러 가지 차원에서 성교육이 시행되어 왔다. 그리고 이와 같은 교육적 노력은 앞으로도 필요할 것이다.

혼전 성경험은 여기에 소개해 온 행동생태학적인 관점에서 볼 때 남자에게는 성욕을 만족시켜 준다는 실리가 있지만 과연 여자에게는 어떤 이익이 있을지 생각이 떠오르지 않는다. 오히려 여성에게는 결혼 전의 성행위가 앞서 말한 성병 감염 외에도 남자의 신뢰를 잃을 위험과 함께 남자로부터 경멸을 당하는 등 사회적인 불이익을 가져올 가능성이 있다. 이 점에 대해서는 제8장(행동·심리로 보는 남자와 여자)에서 설명한 남녀의 성행위에 대한 차이를 참조해 주기 바란다. 또한 다음에 등장할 클린턴 전 미국 대통령의 본심도 참고하기 바란다.

더욱이 여자의 혼전 성경험은 제8장(행동·심리로 보는 남자와 여자)에서 소개한, 남자가 갖는 성적 질투의 자극요인이 될 위험도 있다. 남자의 질투는 평소 그다지 강하게 인식되고 있지 않지만 결혼 전 아내의 방분한 성생활은 남편으로 하여금 아내를 의심하고 질투를 불러일으킴으로써 부부 간 갈등이나 이혼의 원인이 될 우려가 있다. 혹은 최악의 경우 아내를 살해하는 등 심각한 범죄로까지 발전할 수 있다. 또한 제10장(친자 관계에 아파하는 현대 가족)에서 소개한 자식 살해의 원인이 될 위험도 있다.

젊은 남녀가 결혼 전에 성적인 경험을 하거나 혹은 하지 않고는 애당초 개인의 자유이며 타인이 간섭할 일이 아니라는 점은 분명하다. 그러나 그 결과 발생하는 일에 대해서도 그 개인의 책임임을 숙지해 둘 필요가 있다. 특히 피해를 입는 쪽은 대부분 여성이라는 점에서 여성들은 스스로 장차 후회할 일이 생기지 않도록 신중히 대처하는 일이 필요하다. 그것은 누구를 위해서도 아니다. 자기 자신을 위해서다. 경솔한 행동 때문에 입는 피해로부터 자신을 지킬 사람은 역시 자기 자신밖에 없다는 것이다. 그런 점에서 이 책이 일조할 수 있게 되기를 바란다.

방분한 성문화 측면에서 세계적으로 선두를 달려온 미국의 젊은이들 사이에 결혼 전 성행위에 대한 신중한 생각들이 확산되기 시작했다. 1994년 10월 26일 자 〈뉴스위크〉지에는 이것과 관련하여 '우리의 순결 선언', '이제는 순결이 트렌드'라는 표제로 특집 기사가 실렸다. 그 안에서 동지(同誌)는 어느 10대 소녀가 자신의 성을 소중히 여기고 '버진(virgin)'을 새롭게 보기 시작했다는 내용을 보도하고 있다.

비혼 또는 싱글 라이프에 대해

싱글 라이프는 마음껏 자신의 인생을 구가할 수 있는 이상적인 삶의 방식인 것처럼 보인다. 여배우 등 일부 유복한 사람에게는 이러한 생활 방식이 그다지 어려운 일이 아닐지 모른다. 그러나 일반 시민에게 이러한 라이프 스타일이 과연 빛나는 생활 방식이 될지 어떨지는 심히 의문스럽다. 이 점에 대해서는 제10장(가까운 미래의 가족)에서 설명한 바와 같이 '남녀 고용 기회 균등법' 채택 이래 선구적으로 이 '사회 실험'에 몸 바쳐 참여한 사람들의 '실험 결과'가 흥미롭다. 이 사람들이 금후 45년에 이르는 길고 긴 인생 후반을 가족 없이 혼자서 어떻게 마음의 풍요를 가지고 살아갈 수 있을지 그 점이 드러나게 되었기 때문이다. 결혼을 앞둔 사람들에게 이 '실험 결과'는 중요한 참고 자료가 되리라 생각한다.

최근 자식 양육에 자신이 없다는 이유로 비혼을 고수하거나 혹은 결혼해서 아이를 갖고 싶은 바람이 있음에도 불구하고 아이를 낳겠다는 결단을 내리기 어렵다는 여성에 대한 기사가 신문 지면을 장식한 적이 있다. 필자도 그런 여성을 주변에서 접하고 놀란 적이 있다. 동물의 '각인(imprinting)' 현상에 대해서는 본래의 취지에 벗어나는 것이기에 언급하지 않았으나 자식 양육에 대한 불안은 이 각인이 결여된 영향인지도 모른다. 동물행동학에서는 오래 전부터 알려진 일이지만 동물은 마땅히 그래야 할 때에 그래야 할 환경 요인을 접하지 못하면 정상적으로 발달하기가 어려워진다. 만약 제때 새끼의 냄새를 경험하지 못하면 어미는 자신의 새끼를 자기 자식으로 인식하지 못하게 된다. 자식이 젖을 보채며 다가와도 젖을 물리기는커녕 무섭게 쫓아버린다.

　이렇듯 생후 특정 시기에 행동의 대상이 되는 환경 요인(이 경우는 자식)에 대해 정상적인 행동(이 경우는 수유 따위의 모친 행동)이 발달하는 것을 '각인'이라고 한다. 영장류에게서는 정상적인 모친 행동이 발달하는 데 있어서 새끼 원숭이 시절에 갓난 원숭이와 접한 경험이 있느냐 없느냐가 중요한 영향을 끼친다. 인간에게도 이런 가능성이 높다고 본다. 만약 그렇다면 어린 시절에 아기를 접할 기회가 거의 없는 오늘날의 상황을 고려할 때, 초등학교에서 중학교 시기에 갓난아이를 대할 기회를 마련하는 등 어떤 교육적인 배려가 필요하게 될 것이다.

미혼모로서의 삶의 방식에 대해

　　　　　이런 라이프 스타일도 일부의 유복한 사람에게만 가능한 예외적인 삶의 방식이라고 생각된다. 남편을 잃은 보편적인 모자 가족의 어려운 생활을 보면 알 수 있듯 이 라이프 스타일은 일반인에게는 위험도가 너무 큰 선택이라고 여겨진다.

이혼과 지아비성, 지어미성에 대해

　　　　　이 점에 대해서는 제9장(가족을 지탱하는 메커니즘) 속의 '지아비성과 지어미성의 진화'가 참고가 되리라 생각한다. 부부 관계를 유지하고 이혼을 방지하는 한 가지 길은 이 지아비성과 지어미성이 금속 피로를 일으키지 않도록 마음 쓰는 것 또는 좀 더 적극적으로 지아비성과 지어미성을 강화시키는 노력이 필요할 것이다. 여기에는 특히 남자의 노력이 필요하다. 회사 일이라고는 해도 남편의 유난히 늦은 귀가 및 아내와의 대화 부재, 아내를 무시하는 행동들은 지아비성이 제대로 기능하지 못한다는 증거라고 말할 수 있다. 그와 같은 지아비성의 결여는 아내의 지어미성을 시들게 하고 부부 사이에 틈이 벌어져 자칫 이혼으로 이어질 위험이 있다. 따라서 남자는 지아비성을 재인식하고 의식적으로 지아비성을 유지하고 강화시키기 위해 노력할 필요가 있다. 그런 점에서 사회적인 의식의 전환이 요구된다.

이혼과 바람에 대해

지아비성과 지어미성을 위협하는 가장 큰 요인은 바람 또는 불륜이다. 바람은 남편의 바람이든 아내의 바람이든 상대에 대한 가장 불성실한 행위이다. 즉, 부부 사이를 깨뜨림으로써 이혼으로 이어질 위험을 높이는 배신행위라고 말할 수 있다. 다만 남자의 바람과 여자의 바람이 생물학적으로는 기본적으로 다르다는 것 그리고 여자의 바람은 생물학적으로는 남자가 허용할 수 없는 일임을 유의할 필요가 있다. 덧붙여서 남자의 바람은 거의 모든 경우가 말 그대로 바람일 뿐 바람피우는 상대 여자를 진지하게 생각하는 일이 없다는 점 또한 알고 있어도 손해 볼 일은 없을 것이다. 미국의 전 대통령 클린턴의 속마음이 이것을 잘 말해준다. 클린턴 전 대통령은 자신의 회상록에서 상대 여자였던 모니카 르윈스키와 바람을 피운 이유에 대해 '그저 그것이 가능했기 때문에'라고 남자의 본심을 솔직하게 토로했다고 여겨진다. 이에 대해 르윈스키가 격노했음은 두말할 나위 없다.

이혼과 부성, 모성에 대해

　　　　　　제9장(가족을 지탱하는 메커니즘)에서 설명한 대로 부성과 모성은 자식을 낳고 양육하는 과정에서 발달한다고 본다. 그리고 이것은 간접적으로 지아비성과 지어미성을 강화시키는 일이라고 생각한다. 부부는 자식을 통해 서로의 입장을 이해하고 더욱 협력적이 되어가는 것 같다. 그러나 일본에서는 이 점에 있어서도 남자의 노력이 다소 부족한 듯싶다. 바쁜 업무로 인해 자식 양육을 일방적으로 아내한테만 떠넘긴다면 부성이 결여되었다는 말을 들어도 반론의 여지가 없을 것이다.

이혼과 남자의 질투에 대해

　　　　　　제8장(행동·심리로 보는 남자와 여자)에서 설명한 대로 남자는 동물의 수컷이라는 입장에서 아내의 이성 관계에 민감하다. 아내의 불륜은 남자의 질투심에 불을 당기고 자칫 살인을 포함한 심각한 폭력으로 이어질 위험이 있다. 남자와 여자의 성적 질투는 생물학적으로 차원이 다르다는 사실을 떠올린다면 이해가 되리라 생각한다. 가족

이 건전한 형태로 유지되려면 남녀 모두 파트너에게 성실해야 한다. 다만 여자의 성적 불성실은 가족의 붕괴를 가져오고 종종 돌이킬 수 없는 참사를 불러일으킬 소지가 있다는 것은 강조되어 마땅하다고 본다. 이런 점에서 마치 여자의 방분한 혼외정사까지도 용인하는 듯한 현재의 성 풍조는 심히 걱정되는 바이다.

자식을 데리고 재혼하는 경우

제10장(친자 관계에 아파하는 현대 가족)에서 설명한 대로 자신과 유전적인 혈연관계가 없는 남의 자식을 친자식 대하듯 똑같은 애정으로 대한다는 것은 인간의 지성이 기대하는 부분이긴 해도 행동생태학적으로는 결코 쉬운 일이 아니다. 불행한 참사를 방지하기 위해서라도 자식을 데리고 재혼하는 경우에는 충분히 심사숙고할 필요가 있다고 본다.

이상, 즐겁고 안정된 가족을 구축하기 위한 유의점을 몇 가지 정리해 보았다. 모쪼록 이 글이 독자 여러분의 밝고 건강한 가족 만들기에 도움이 될 것을 바라며 이만 펜을 놓는다.

나는 여우인가 나는 늑대인가 – 동물을 읽으면 인간이 보인다

펴낸날　　초판 1쇄　2017년 6월 20일

지은이　　오바라 요시아키
옮긴이　　신유희
펴낸이　　심만수
펴낸곳　　(주)살림출판사
출판등록　1989년 11월 1일 제9-210호

주소　　　경기도 파주시 광인사길 30
전화　　　031-955-1350　　팩스　031-624-1356
홈페이지　http://www.sallimbooks.com
이메일　　book@sallimbooks.com

ISBN　　978-89-522-3650-0　03490

이 도서의 국립중앙도서관 출판예정도서목록(CIP)은 서지정보유통지원시스템 홈페이지
(http://seoji.nl.go.kr)와 국가자료종합목록시스템(http://www.nl.go.kr/kolisnet)에서
이용하실 수 있습니다.(CIP제어번호: CIP2017011747)

책임편집·교정교열　한다은